U0293912

2013 年
黑龙江暴雨洪水

水 利 部 信 息 中 心
松辽水利委员会水文局（信息中心） 编著
黑 龙 江 省 水 文 水 资 源 中 心

中国水利水电出版社
www.waterpub.com.cn
·北京·

内 容 提 要

  本书基于报汛资料，全面阐述了2013年黑龙江流域汛期暴雨的时空分布、洪水过程，分析了暴雨洪水成因、雨洪特点、洪水组成、洪水还原、洪水重现期、水利工程运用以及水文监测与情报预报工作等情况。

  本书结构合理、方法正确、内容全面，对当前和今后黑龙江流域的防洪减灾、规划设计、水利工程建设与运行管理、水文测报等工作，都具有一定的参考作用。

图书在版编目（CIP）数据

  2013年黑龙江暴雨洪水 / 水利部信息中心，松辽水利委员会水文局（信息中心），黑龙江省水文水资源中心编著. -- 北京 ：中国水利水电出版社，2022.9
  ISBN 978-7-5226-1013-9

  Ⅰ．①2… Ⅱ．①水… ②松… ③黑… Ⅲ．①暴雨洪水－水文分析－黑龙江省－2013 Ⅳ．①P333.2 ②P426.616

  中国版本图书馆CIP数据核字(2022)第177606号

审图号：GS（2018）828号

责任编辑：李丽艳　李丽辉

书　　　名	**2013年黑龙江暴雨洪水** 2013 NIAN HEILONG JIANG BAOYU HONGSHUI
作　　　者	水 利 部 信 息 中 心 松辽水利委员会水文局（信息中心）　编著 黑 龙 江 省 水 文 水 资 源 中 心
出 版 发 行	中国水利水电出版社 （北京市海淀区玉渊潭南路1号D座　100038） 网址：www.waterpub.com.cn E-mail：sales@mwr.gov.cn 电话：(010) 68545888（营销中心）
经　　　售	北京科水图书销售有限公司 电话：(010) 68545874、63202643 全国各地新华书店和相关出版物销售网点
排　　　版	中国水利水电出版社微机排版中心
印　　　刷	北京印匠彩色印刷有限公司
规　　　格	184mm×260mm　16开本　13.75印张　326千字　2插页
版　　　次	2022年9月第1版　2022年9月第1次印刷
印　　　数	0001—1000册
定　　　价	**96.00元**

凡购买我社图书，如有缺页、倒页、脱页的，本社营销中心负责调换

版权所有·侵权必究

《2013 年黑龙江暴雨洪水》编委会

主　编：张守杰

副主编：宁方贵　刘文斌　肖兴涛　徐海涛　王　才

　　　　刘惠忠　尹志杰

各章编写人员

第一章　流域概况

廖厚初　曹艳秋　李　磊　赵秀娟　李志毅　张　娜

第二章　暴雨分析

尤晓敏　陈理想　郑　文　佟利武　王凤侠　李龙辉

第三章　洪水分析

刘文斌　孙永贺　冯　艳　赵兰兰　王春雷　于得江　刘广丽

第四章　辽宁省"8·16"暴雨洪水

顾燕平　郭纯一　许晓艳　王　容　冯　琳　刘　权　丁　阳

第五章　水文监测与情报预报

孙　阳　孙艳兵　王金星　尤　芳　张晓宏　高世斌

附录 A　降雨资料

朱春子　李来山　孙启伟　曹秀菊

附录 B　黑龙江历史洪水概况

刘媛媛　于成刚　薛　梅　闻建伟

附录 C　溃口调查

冯　健　吕永军　杨冬玲

附录 E　洪水定性

周　炫　姜　涛　尹志杰　周光涛　关保多

附录 F 街津口实测流量

曹 越

参加工作人员

松辽委水文局（信息中心）	牛立强	刘金锋	徐 旺	
黑龙江省水文水资源中心	刘玉涛	狄方洪	李范秋	乔连明
	黄 琦	张丹丹	白 宁	黄树祥
	王思远	关佳南		
吉林省水文水资源局	孙 虹	李 阳	包参路	李 刚
（吉林省水环境监测中心）	周曼宇	于发强	朱春财	毕立军
	王秋江			
内蒙古自治区水文	刘琳娜	白 石	邹 强	朱向明
水资源中心	蒋 涛	王 伟	王文华	于国贤
	何 涛	岳岷丹		
辽宁省河库管理服务中心	赵锡钢	梁 冰	李有为	刘和平
（辽宁省水文局）	金 鑫	周永德	王明亮	

前　言

　　黑龙江是世界著名河流之一，跨中国、俄罗斯、蒙古国、朝鲜 4 个国家，流域面积 205 万 km²，其中中国约占 44%，俄罗斯约占 45%，蒙古国和朝鲜约占 11%。黑龙江有南、北两源，分别为额尔古纳河与石勒喀河，南、北两源在中国内蒙古额尔古纳市恩和哈达村（俄罗斯外贝加尔边疆区波克罗夫卡村上游）附近汇合，汇合后称黑龙江干流。黑龙江干流全长 2833km，中上游绝大部分为中俄界河，下游全部在俄罗斯境内，最终汇入鄂霍茨克海。黑龙江近 100 余年来多次发生洪水，据调查、实测和有关资料记载，1872 年、1897 年、1958 年、1984 年等年份均发生过大洪水。

　　2013 年汛期，黑龙江发生了流域性大洪水。黑龙江左岸支流结雅河控制站别洛戈里耶水文站洪峰流量达到 14500m³/s，为 1956 年以来第 2 位大洪水；黑龙江右岸支流松花江发生了 1998 年以来最大洪水，其中尼尔基水库以上发生 50 年一遇特大洪水，经水库调节后，水库以下发生 10～20 年一遇中洪水。黑龙江干流发生了 1984 年以来最大洪水，由于结雅河、松花江洪水叠加，同江以下洪水重现期超过 100 年。据防汛部门统计，这场洪水造成黑龙江省 126 个县（市、区）以及农场分局、林业局，916 个乡（镇）受灾，直接经济损失 327.47 亿元，为重大洪涝灾害。

　　此外，本书专设一章总结了辽宁省"8·16"暴雨洪水。该洪水主要发生在辽河、浑河上游，从降雨开始到洪峰出现不到 48h，浑河上游以及海阳河、红河等支流发生超 100 年一遇特大洪水，在东北地区极为罕见，为完整记录 2013 年松辽流域内洪水情况，故将辽宁省"8·16"洪水专设一章进行总结。

　　2013 年 9 月，水利部水文局组织松辽水利委员会及 4 省（自治区）水文部门和有关专家对 2013 年暴雨洪水进行了调研。2014 年 3 月，水利部水文局在哈尔滨组织召开了"2013 年黑龙江暴雨洪水调查评价会议"，对野外勘测、还原计算和频率分析等工作进行了全面部署，讨论确定了编委会组成、分工以及编写提纲；7 月在沈阳组织召开了《2013 年黑龙江暴雨洪水》编写会议，对初步成果进行了讨论；12 月在哈尔滨组织召开了"黑龙江暴雨洪水分析成果研讨会"。2015 年 1 月，在长春组织召开"2013 年洪水分析成果咨询会议"；2 月上旬完成了《2013 年黑龙江暴雨洪水》的征求意见稿；3 月下旬，组织部分编写成员和特邀专家，在黑河召开了初步审查会；2015 年 6 月 3 日，水利部水文局在北京召开了"2013年黑龙江暴雨洪水分析成果审查会议",与会专家提出了进一步修改完善意见。

2016年7月,黑龙江省水文局组织有关专家对《2013年黑龙江暴雨洪水》一书进行终审,专家认为:该书基于报汛资料,系统分析评价了2013年黑龙江流域暴雨洪水,结构合理、方法正确、内容全面,对当前和今后黑龙江流域的防洪减灾、规划设计、水利工程建设与运行管理、水文测报等工作,都具有一定的参考作用。

《2013年黑龙江暴雨洪水》一书基于报汛资料,全面阐述了2013年汛期暴雨的时空分布、洪水过程,分析了暴雨洪水成因、雨洪特点、洪水组成、洪水还原、洪水重现期以及水利工程运用的影响等情况,并与典型历史大洪水过程进行了比较分析。

该书的出版,凝聚了松辽流域全体水文人的辛勤劳动,是广大水文工作者心血、汗水和智慧的结晶。在编写过程中,得到了流域内各省(自治区)水利厅和防汛抗旱指挥部办公室、水文部门的大力支持,在此表示衷心的感谢。

由于技术水平有限,书中难免存在缺点和错误,敬请读者批评指正。

编者

2016年11月

目　　录

2013年黑龙江洪水概要

一、降雨概况及特点

2013年夏季大气环流形势异常，极涡、西风带、副热带系统的特征都与常年有明显差异。夏季500hPa北半球极涡呈单极型分布，极涡主体位于北极圈内，势力偏强。环绕极涡中心，中高纬度经向环流发展明显，欧亚地区两脊一槽环流形势持续稳定，阻塞高压长期存在，西太平洋副热带高压势力偏弱。在这些异常因素的共同影响下，黑龙江流域降雨异常偏多。

5—9月，黑龙江流域中国境内降雨量563.6mm，较常年同期偏多36%，列1964年以来同期第1位，最大点雨量位于第二松花江上游二道白河白头山口站，降雨量为1158.2mm。根据黑龙江流域影响降雨的天气系统、降雨的连续性以及与洪水发生的对应关系，划分了5场主要降雨过程，分别为：6月26日至7月4日、7月15—25日、7月26日至8月4日、8月7—12日、8月14—16日。

2013年降雨的主要特点：一是雨季开始早，降雨日数多。自5月中旬开始，黑龙江流域即出现了大范围明显降雨过程，5—9月黑龙江流域降雨日数多达105d，占5—9月总日数的69%，与历史大洪水年1984年降雨日数（111d）相接近。二是降雨过程多，雨区范围广。5—9月黑龙江流域共发生34场降雨过程。主要降雨区覆盖了流域内多条河流。三是降雨区重复，累积雨量大。5—9月多场降雨过程在额尔古纳河、黑龙江干流上中游等地发生，黑龙江流域中国境内降雨比历年同期偏多36%，其中黑龙江干流降雨列多年同期第1位；额尔古纳河流域降雨列多年同期第3位。四是雨区移动方向与洪水走向一致，叠加影响重。5—9月降雨先支流后干流，暴雨区移动方向基本与洪水汇流和传播方向一致，加大洪水量级。

二、洪水概况及特点

2013年汛期，松花江发生1998年以来最大的流域性洪水，其中嫩江尼尔基水库以上发生特大洪水，经尼尔基水库调蓄后，嫩江中下游干流发生中洪水；第二松花江上中游发生大洪水，经白山水库、丰满水库调蓄后，下游仅出现一般涨水过程，为小洪水；受嫩江、第二松花江及支流拉林河、呼兰河、牡丹江等来水影响，松花江干流发生中洪水；嫩江、松花江全线超警。

2013年汛期，黑龙江发生流域性大洪水，其中上游发生10年一遇较大洪水；受呼玛河、结雅河、逊毕拉河、布列亚河等支流洪水影响，中游卡伦山—萝北段发生20～50年一遇大洪水；松花江洪水汇入后，中游同江—抚远段发生超100年一遇特大洪水。干流呼玛县至抚远县近1200km河段全线超警。

2013年洪水主要特点：一是洪水发生时间早、底水高。2013年5月13日黑龙江上游

1

支流额木尔河发生历史第 2 位大洪水，5 月 30 日黑龙江上游支流盘古河、呼玛河发生洪水，6 月 4 日呼玛河发生历史第 3 位大洪水，6 月上旬黑龙江干流欧浦—萝北段出现第 1 次洪水过程，比正常年份提前 1 个月左右。二是洪水发生范围广、次数多。黑龙江干、支流中有 19 条发生中等以上洪水，12 条河流先后出现了 2~5 次洪水过程，14 个水文（位）站出现有实测资料以来第 1 位洪水，18 个水文（位）站出现有实测资料以来第 2 位洪水。三是干支流洪水遭遇、洪峰量级大。2013 年黑龙江干流、结雅河、布列亚河、松花江同时发生洪水，由于干、支流洪水叠加，2013 年黑龙江洪水峰高量大，与 1958 年相比，奇克以下各站水位偏高 0.55~2.12m；与 1984 年相比，乌云以下各站水位偏高 0.28~1.55m。四是洪水总量大、高水位时间长。由于连续发生洪水，江河水位逐渐抬高，高水位持续时间长，奇克—萝北江段最高水位持续时间 3~27h，超警戒水位历时 27~35d，与 1984 年相比多 7~13d，同江—抚远江段最高水位持续时间 48~84h，超警戒水位历时 45~48d，与 1984 年相比多 28~31d。

三、洪水组成

以抚远站为控制站，将抚远以上流域划分为黑龙江上游、结雅河、布列亚河、松花江及黑龙江卡伦山站—布列亚河马里诺夫卡站—松花江富锦站—黑龙江抚远站区间（简称"卡—马—富—抚区间"）5 部分，分析黑龙江流域洪水组成。抚远站最大 30d 洪量 919.38 亿 m³，上游占 26%，结雅河占 33%，布列亚河占 6%，松花江占 31%。最大 60d 洪量 1526.69 亿 m³，上游占 26%，结雅河占 30%，布列亚河占 5%，松花江占 34%。

嫩江江桥站洪峰组成中，上游干流占 86.2%；最大 15d 洪量中，上游干流占 88.1%；最大 30d 洪量中，上游干流占 84.4%。

松花江哈尔滨站洪峰组成中，嫩江占 72.8%，第二松花江占 23.2%；最大 15d 洪量中，嫩江占 72.1%，第二松花江占 24.0%；最大 30d 洪量中，嫩江占 70.7%，第二松花江占 25.7%。

松花江佳木斯站洪峰组成中，干流占 72.6%，呼兰河占 14.9%；最大 15d 洪量中，干流占 69.1%，呼兰河占 13.7%；最大 30d 洪量中，干流占 65.1%，呼兰河占 11.5%。

黑龙江抚远站洪水洪峰组成中，干流占 71.3%，松花江占 27.7%；最大 30d 洪量中，干流占 68.2%，松花江占 30.7%；最大 60d 洪量中，干流占 65.6%，松花江占 33.1%。

四、水库拦蓄影响

2013 年黑龙江流域洪水中，中俄两国科学调度尼尔基、白山、丰满、结雅、布列亚等 5 座大型水库，发挥了拦洪、削峰、错峰的作用，大大减轻了下游的防洪压力。

尼尔基水库调度后，嫩江干流中下游各站最大流量减少 700~1540m³/s，最高水位降低 0.13~0.35m；白山、丰满水库调度后，第二松花江下游扶余站最大流量减少 4730m³/s，最高水位降低约 2.72m；3 座水库综合作用下，松花江干流最大流量减少 1500~2310m³/s，最高水位降低 0.34~0.54m。

结雅河、布列亚水库调度后，黑龙江中游奇克—萝北段最大流量减少 3800~5400m³/s。

上述 5 座水库共同影响下，黑龙江干流中游勤得利至抚远端最大流量减少 5500～6200m³/s。

五、洪水重现期

松花江以洪峰流量作为分析洪水重现期的依据，2013 年，尼尔基水库重现期超 50 年，丰满水库重现期为 50 年，江桥站重现期超 10 年，哈尔滨站重现期接近 20 年，佳木斯站重现期超 10 年。

黑龙江以洪峰水位作为分析洪水重现期的依据，2013 年，上马厂站重现期接近 10 年，卡伦山、奇克站接近 20 年，乌云、嘉荫站为 30～50 年，萝北站接近 50 年，同江—抚远段超过 100 年。

六、与历史洪水比较

中华人民共和国成立以来，黑龙江 1958 年、1984 年分别发生了较大洪水。

与 1958 年洪水相比，2013 年黑龙江上游洪水量级偏低，结雅河口附近江段洪水量级接近，乌云以下江段洪水量级偏高。1958 年黑龙江洪水主要发生在上游，中游洪峰流量没有明显增加，洪水主要来源于额尔古纳河、石勒喀河，结雅河、布列亚河次之；2013 年上游仅为一般性洪水，中游洪水沿程递增，是一场典型的全流域洪水，洪水主要来源于上游各支流，中游主要支流结雅河、布列亚河和松花江。2013 年洪峰水位与 1958 年相比，奇克以上江段各站偏低 0.31～6.23m，奇克以下江段偏高 0.55～2.12m，

与 1984 年相比，2013 年黑龙江上游洪水量级偏低，结雅河口—乌云段洪水量级接近，嘉荫以下江段洪水量级偏高。2013 年与 1984 年洪水来源相似，额尔古纳河、石勒喀河、结雅河、布列亚河、松花江都发生了不同程度的洪水。其中 2013 年结雅河、松花江洪水大于 1984 年，额尔古纳河、石勒喀河、布列亚河洪水小于 1984 年。2013 年洪峰水位与 1984 年相比，奇克以上江段偏低 0.57～1.30m，奇克—乌云段偏低 0.03～0.15m，嘉荫以下江段偏高 0.28～1.55m。

第一章 流 域 概 况

第一节 自 然 地 理

一、地理位置

黑龙江是世界著名的十大河流之一，流域位于北纬 42°0′～55°45′、东经 108°21′～141°21′之间，发源于蒙古国肯特山南侧，流经中国、俄罗斯、蒙古国、朝鲜等 4 个国家的 15 个一级行政区，最终在鞑靼海峡汇入鄂霍茨克海，流域面积 205 万 km²，其中，中国约占 44%，俄罗斯约占 45%，蒙古国和朝鲜约占 11%，素有世界第一界河的美称。

二、地形地貌

黑龙江流域三面环山，这些山脉都是黑龙江干支流的发源地。北部由外兴安岭与勒拿河流域隔开；西侧沿着肯特山脉与贝加尔湖分隔，但在蒙古国南方的分水界不明显；西南沿着大兴安岭的南支，松花江和辽河之间也没有明显分水线；南面的长白山脉则将黑龙江流域和黄海及日本海流域分开；东侧沿着锡霍特山脉向北，直至黑龙江口。黑龙江流域内部也有许多山脉，如大兴安岭、小兴安岭、完达山脉、布列亚山脉及札雷迪山脉等，它们作为分水岭隔离着黑龙江的支流和干流。流域内的平原和低地大部分在黑龙江中下游干支流两岸及其交会处。

（一）主要山脉

肯特山脉是太平洋水系和北冰洋水系的分水岭，位于黑龙江流域上游、蒙古国东北部，表现为圆顶低山地和崎岖的山地，在东部展伸为巨大的波状平地。平均海拔约2000.00m，最高峰阿萨腊耳土山海拔 2751.00m。自西南向东北延伸约 2500km，北与俄蒙边境连接。太平洋水系的鄂嫩河、克鲁伦河和北冰洋水系的鄂尔浑河的支流图拉河、依罗河等分别发源于山地东西两麓。

雅布洛诺夫山脉位于俄罗斯远东地区，贝加尔湖东侧，东北—西南走向，是黑龙江与色楞格河的分水岭之一，北接外兴安岭（俄称斯塔诺夫山），也是北冰洋和太平洋的分水岭。雅布洛诺夫山脉山势长而窄，最高点为 Sokhondo 峰，海拔 2500m，山上遍布参差不齐的花岗岩质峰峦。

外兴安岭位于黑龙江流域北部，在俄罗斯阿穆尔州的北端，并穿过哈巴罗夫斯克边疆区中部，山脉全长 725km，最高峰海拔 2482.00m。

锡霍特山脉临鞑靼海峡和日本海，位于黑龙江下游，由东北向西南延伸 1200km，宽200～250km，平均海拔800.00～1000.00m，地形复杂，四周有重大地质断层，西北部地槽结构即为乌苏里江谷地，最高峰托尔多基—亚尼山海拔 2077.00m。

长白山脉为西南—东北走向，包括长白山、完达山、老爷岭、张广才岭、吉林哈达岭等平行的断块山地，山地海拔多在 800.00～1500.00m。

布列亚山脉是俄罗斯远东地区南部山脉，在哈巴罗夫斯克边疆地区西南部，东北—西南走向，北起布列亚河源，南到特尔马河上游，长约 400km，北高南低，一般海拔 1500.00m 以下，最高点海拔 2071.00m。

大兴安岭主脉东北—西南走向，是松辽平原与呼伦贝尔高原的分界，也是其东侧的辽河水系、松花江和嫩江水系与其西北侧的黑龙江源头诸水系的分水岭，南北长约 1220km，平均海拔 1200.00～1300.00m，最高峰达 2035.00m。

小兴安岭主脉西北—东南走向，山势低缓，是黑龙江水系与松花江水系的分水岭，总面积 13 万 km²，其中低山约占 37%、丘陵约占 53%、浅丘台地约占 10%，海拔 600.00～1000.00m，最高峰为平顶山，海拔 1429.00m。

（二）高原和平原

流域西部为蒙古高原，东抵大兴安岭、西及阿尔泰山脉，北至萨彦岭、肯特山、雅布洛诺夫山脉，南界阴山山脉，包括蒙古国全部、俄罗斯南部和中国北部部分地区。

流域东部为三江平原，西起小兴安岭东南端，东至乌苏里江，北自黑龙江畔，南抵兴凯湖，总面积 5.13 万 km²，三江平原地势低平，由西南向东北倾斜，平均海拔 50.00～60.00m，地面总坡降 0.1‰，沼泽与沼泽化面积约 2.4 万 km²，是中国最大的沼泽分布区，完达山脉将三江平原分为南北两部分，北部是黑龙江、乌苏里江、松花江汇流冲积而成的沼泽化平原，面积 4.25 万 km²，南部是乌苏里江及其支流与兴凯湖共同形成的冲积—湖积沼泽化平原，面积 0.88 万 km²。

流域南部为松嫩平原，南与松辽分水岭为界，北与小兴安岭山脉相连，东西两面分别与东部山地和大兴安岭接壤，整个平原略呈菱形，平均海拔 120.00～300.00m，平均坡降 0.14‰，中部分布众多的湿地和大小湖泊，地势比较低平。

结雅—布列亚平原是由结雅河、布列亚河冲积而成的平原。

阿姆贡河平原是指位于阿姆贡河及黑龙江干流下游之间的平原。

三、河流水系

黑龙江有南北两源，南源额尔古纳河与北源石勒喀河在中国内蒙古额尔古纳市恩和哈达村（俄罗斯外贝加尔边疆区波克罗夫卡村上游）附近汇合，以下称黑龙江干流，以额尔古纳河为源头计，黑龙江全长 4995km，流域面积 205 万 km²。

黑龙江干流全长 2833km，其中南北两源汇合口至结雅河口江段为上游（俗称黑河以上江段），河长约 905km，河宽 600～1200m，平均比降 0.16‰～0.26‰；结雅河口至哈巴罗夫斯克江段为中游（俗称黑河—抚远江段），河长约 994km，河宽 900～2000m，洪水期局部可达 15000m，平均比降 0.06‰～0.17‰；哈巴罗夫斯克以下江段为下游（俗称抚远以下江段），河长约 934km。上中游长度 1899km，98% 以上为中俄界河，流经中国境内的黑龙江省以及俄罗斯的外贝加尔边疆区、阿穆尔州、犹太自治州、哈巴罗夫斯克边疆区，下游全部在俄罗斯境内，在俄罗斯的尼古拉耶夫斯克（庙街）注入鞑靼海峡。

除南源额尔古纳河、北源石勒喀河外，流域面积超过 1 万 km² 的右岸支流有额木尔河、呼玛河、逊毕拉河、松花江、乌苏里江等 5 条，左岸支流有结雅河、布列亚河、比拉河、通古斯卡河和阿姆贡河等。其中额尔古纳河、石勒喀河、松花江、乌苏里江、结雅河流域面积均超过 10 万 km²。

黑龙江流域水系分布见图 1-1（见文后彩插）。

额尔古纳河为黑龙江南源，流域地跨中国、俄罗斯、蒙古国等 3 国，位于北纬 46°～54°、东经 108°～122°，中国内蒙古自治区呼伦贝尔市和俄罗斯联邦外贝加尔边疆区之间，自南偏西流向北偏东，有东西两源：东源海拉尔河发源于中国大兴安岭西麓的古利亚山麓，河长 732km，流域面积 5.45 万 km²；西源克鲁伦河发源于蒙古国肯特山脉东麓，在中国境内流入呼伦湖，河长 1264km，流域面积约 17.5 万 km²（其中中国境内河长 166km，面积 5292km²）。海拉尔河向西流至中俄边境的阿巴海图，与从呼伦湖流出的克鲁伦河在满洲里市东南汇合后转向北东，始称额尔古纳河，为中俄界河，全长 898km。额尔古纳河流域中国境内面积约 16.4 万 km²（含部分呼伦湖集水区），流域面积超过 1 万 km² 的一级支流有乌尔逊河、海拉尔河、辉河、根河、激流河等 5 条。

石勒喀河为黑龙江北源，由鄂嫩河和因果达河汇合而成，两河在俄罗斯石勒喀城西南 20km 处汇合。石勒喀河河长 560km（自鄂嫩河起算为 1592km），流域面积 20.6 万 km²，计入准托雷湖和巴朗托雷湖为 23 万 km²。流域的上游部分位于蒙古国境内（面积 3.2 万 km²，占总流域面积的 15.5%）。从源头到斯坚斯克城，石勒喀河流经平原地带，平均海拔 600.00～700.00m，沿河有一些宽达 0.5km、不连续的河滩地段，其余河段基本没有河滩地，河床顺直且基本无分汊。从斯坚斯克城到河口，河流沿带岩质边坡的狭窄山谷流淌，河漫滩不发育，河床顺直且基本无分汊。

结雅河是黑龙江左岸支流，发源于外兴安岭南坡斯塔诺夫山脉，在俄罗斯联邦布拉戈维申斯克市附近汇入黑龙江，河长 1242km，流域面积 23.3 万 km²，河流中游穿越图库林格拉和索克塔汉（Tukuringra - Soktahan - Dzhagdy）等山脉。结雅水库坝址（距河口 652km）至谢列姆札河汇合口（距河口 284km）之间河流流过丘陵地带，狭窄的河谷逐渐展宽至 10～20km；谢列姆札汇合口以下，结雅河流入结雅-布列亚平原，河滩宽阔，多河阶地。结雅河的主要支流有乌尔坎河、杰普河、谢列姆扎河、托木河等，其中谢列姆扎河为其最大支流。

布列亚河是黑龙江左岸支流，由源自埃佐普山和杜谢阿林山的左、右布列亚河汇流而成，曲折向西南流，下游流经结雅-布列亚平原。布列亚河长 739km，全流域面积 7.07 万 km²。布列亚河流域位于诸多山脉之间，布列亚水库以下河段流淌于峡谷之间，河滩地不发育，河床顺直且稳定，河宽 200～250m。布列亚河按其河谷和河床特性，可以分为四段：第一段从河源到乌马尔塔河口，为典型的山区地段；第二段从乌马尔河口到土尤河口（切昆达站），为平原类型；第三段从土尤河口到帕依康站，为山区；第四段从帕依康站到河口，为典型的平原。

松花江是黑龙江右岸支流，流域位于北纬 41°42′～51°48′、东经 119°52′～132°31′之间，东西长 920km，南北宽 1070km。松花江有南北两源：北源嫩江发源于大兴安岭伊勒呼里山，河源高程 1030.00m，全长 1370km，流域面积 29.85 万 km²，河流由北向南流，流域面积超过 1 万 km² 的一级支流有甘河、讷谟尔河、诺敏河、乌裕尔河、雅鲁河、绰尔河、洮儿河、霍林河等 8 条；南源第二松花江发源于长白山脉主峰白头山，河源海拔 2744.00m，全长 958km，流域面积 7.34 万 km²，河流从东南流向西北，流域面积超过 1 万 km² 的一级支流有辉发河和饮马河。嫩江与第二松花江在中国黑龙江省肇源县三岔河处汇合后，折向东北称为松花江干流，在中国黑龙江省同江市汇入黑龙江，全长 939km，整个流域面积 56.12 万 km²。松花江干流段流域面积超过 1 万 km² 的一级支流有拉林河、呼兰河、蚂蚁河、牡丹江、汤旺河、倭肯河等 6 条。河道坡降：齐齐哈尔市以上段为 1‰~0.2‰，齐齐哈尔市—三岔河段为 0.1‰~0.04‰，三岔河—哈尔滨市段为 0.05‰，哈尔滨以下江段为 0.1‰。

乌苏里江是黑龙江右岸支流，流域位于东经 129°51′~138°10′、北纬 43°24′~48°47′之间，其上游为乌拉河，发源于俄罗斯境内锡霍特阿林山脉西南麓，由南向北流至俄罗斯的列索扎沃茨克附近，与源出兴凯湖的松阿察河汇合，折向东北，在下游分为两汊，分别在中国抚远（西汊）和俄罗斯巴罗夫斯克（东汊）附近汇入黑龙江，西汊即为抚远水道，自松阿察河汇合口至分汊口为中俄界河，长约 454km，抚远水道靠近乌苏里江的 1km 江段为中俄界河，以乌拉河为源头，乌苏里江全长 890km，流域面积 19.58 万 km²。乌苏里江中国境内流域面积 5.98 万 km²，流域面积超过 1 万 km² 的一级支流左岸有穆棱河、挠力河；右岸有大乌苏尔卡河、比金河、霍尔河。

黑龙江流域主要水系一览表见表 1-1。

表 1-1　　　　　　　　　黑龙江流域主要水系一览表

河流名称	起点	终点	河流长度 /km	流域面积 /万 km²
黑龙江	蒙古国肯特山脉东麓	俄罗斯鄂霍次克海	4995（全长）2833（干流）	205 90.24（中） 92.89（俄）
额尔古纳河	内蒙古满洲里市二卡	内蒙古额尔古纳市恩和哈达村	898	32.5 16.4（中） 4.91（俄）
克鲁伦河	蒙古国肯特山脉东麓	内蒙古新巴尔虎右旗阿拉坦莫勒镇入呼伦湖	1264	17
海拉尔河	内蒙古牙克石市宾都尔镇	内蒙古满洲里市二卡	732	5.45
石勒喀河	蒙古国，鄂嫩河和因果达河汇合点	内蒙古额尔古纳市恩和哈达村	560	20.6
结雅河	斯塔诺夫（Stanovoi）山脉	俄罗斯布拉戈维申斯克市	1242	23.30
谢列姆札河	亚姆·阿林（Yam-Alin）山脉和埃佐普（Ezon）山脉	距结雅河河口 284km 处	598	7.09
布列亚河	埃佐普和杜谢阿林山脉	距黑龙江入海口 1660km 处	739	7.07
松花江	黑龙江省肇源县三岔河	黑龙江省同江市同江镇	939	56.12
嫩江	内蒙古鄂伦春旗古里乡北 11 伊勒呼里山	黑龙江省肇源县三岔河	1370	29.85
第二松花江	吉林省安图县长白山天池	黑龙江省肇源县三岔河	958	7.34
乌苏里江	俄罗斯境内锡霍特阿林山脉	俄罗斯哈巴罗夫斯克	890	19.58 13.6（俄） 5.98（中）
霍尔河	锡霍特阿林山脉	距乌苏里江河口 105km 处	414	2.44

注　表中"（中）"表示中国境内流域面积，"（俄）"表示俄罗斯境内流域面积。

第二节　水　文　气　象

黑龙江流域属于大陆性气候,受中纬度西风带系统和西伯利亚寒冷空气影响,具有春季干旱多大风、夏季温热多雨、秋季晴冷温差大、冬季严寒而漫长的气候特点。

一、气温

黑龙江流域多年平均气温-10~8℃,气温分布有2个特点:一是由于太阳的辐射作用,气温随纬度的升高而降低,呈南高北低分布;二是气温随海拔高度的增加而降低,如南部长白山主峰等地。北部地区基本在0℃以下,受地形影响,南部呼伦贝尔部分地区气温明显低于周边。黑龙江流域年平均气温等值线图见图1-2。

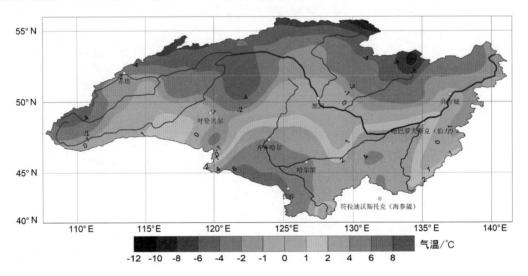

图1-2　黑龙江流域年平均气温等值线

黑龙江流域内中国区域全年有4~5个月平均气温在0℃以下,大兴安岭北部山区长达7个月,1月最低,平均气温-30.6~-14.5℃(极值为-52.5℃,1969年,漠河),7月最高,平均气温17.8~25℃(极值41.6℃,1968年,泰来);冻土深度1.5~3.0m,最大达4.0m;江河封冻天数在140~180d;多年平均最大冰厚1.0~1.5m,其中南部河流在1.0m左右,北部河流在1.5m左右;多年平均无霜期100~150d;全年日照时数为2400~2800h。

二、降水

黑龙江流域内多年平均年降雨量约500mm,自西向东呈逐渐增加的趋势,额尔古纳河、石勒喀河上游和嫩江闭流区300~400mm;额尔古纳河、石勒喀河中下游区400~500mm;结雅河、布列亚河区600~700mm;嫩江、松花江区400~600mm;第二松花江500~800mm;乌苏里江山区600~800mm,平原区500~600mm;黑龙江下游500~

700mm。降雨量高值区在锡林霍特山、长白山部分地区，可达 800mm 以上。受气候和地形条件的影响，年内降水主要集中在 6—9 月，占年降雨量的 70%；年际变化也较为明显，最大年降雨量一般是最小年降雨量的 2～3 倍。冬季降雪量约占年降雨量 10%。黑龙江流域多年平均年降水量等值线见图 1－3。

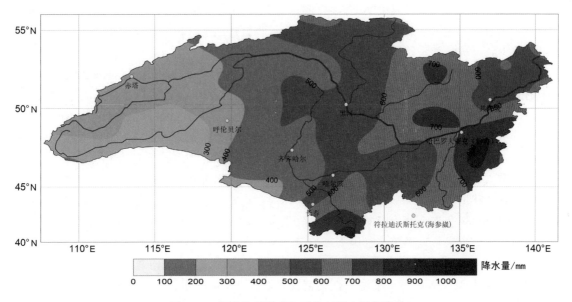

图 1－3　黑龙江流域多年平均年降水量等值线

三、蒸发

黑龙江流域内水面蒸发能力较弱，年蒸发量为 500～600mm（E－601），高值区在松嫩平原西南侧，低值区在结雅河上游的外兴安岭西南侧。流域内陆面蒸发量为 300～400mm，峰值区在东南部，最大年蒸发量为 400～500mm，低值区在西南部，年蒸发量为 200～300mm，受气候、地形、冻土及植被等条件综合影响，具有明显的区域性：高寒山区径流系数较大，陆面蒸发相对较小；平原地区径流系数较小，陆面蒸发相对较大；干旱少雨区，径流系数接近 0，陆面蒸发与降雨量基本一致。

四、径流

黑龙江流域水量丰富，多年平均年径流深 190mm。其中，额尔古纳河与石勒喀河区 75mm，结雅河、布列亚河区 280mm，乌苏里江右岸区 295mm、左岸区 125mm；中国境内额尔古纳河区 86.5mm，嫩江区 95.7mm，第二松花江区 194.5mm，松花江干流区 168.9mm。径流深的峰值区在东部山区，其值可达 600mm，低值区在西南平原区，其值不足 100mm。

黑龙江干流上游洛古河站多年平均年径流量 275 亿 m³，中游卡伦山站 1060 亿 m³，下游哈巴罗夫斯克站 2785 亿 m³，入海口处 3550 亿 m³。主要支流：石勒喀河 156 亿 m³，额尔古纳河 59.6 亿 m³，结雅河 573 亿 m³，布列亚河 284 亿 m³，松花江 818 亿 m³，乌苏里江 624 亿 m^3。

五、暴雨和洪水特征

黑龙江流域的洪水主要由汛期笼罩面积较大的暴雨产生，或者在流域内出现连续阴雨天气（时间可长达 1 个月以上），在连续阴雨天气中出现暴雨而形成洪水。据历史大洪水分析，流域内的大洪水过程多由几次暴雨洪水过程叠加而成，由一次暴雨即产生大洪水的年份很少，一种天气系统暴雨形成全流域洪水的情况更少。

流域内量级大、范围广、持续时间长的暴雨发生在 6—9 月，其中 7—8 月上旬是大暴雨的集中期，出现次数占大暴雨总数的 84%～88%。从暴雨出现的持续性来看，绝大部分地区日雨量超过 50mm 的持续时间为 1～3d。易发生暴雨洪水区域主要有：石勒喀河、额尔古纳河等河流受贝加尔湖低压及长波脊和冷涡影响产生暴雨洪水；黑龙江上游主要支流地区，如额木尔河、呼玛河等河流，受南来华北低槽和北来蒙古低涡的天气系统影响形成暴雨洪水；结雅河、布列亚河等河流，受贝加尔湖低涡、西太平洋高压偏西偏北、蒙古低压偏东北移的天气系统影响形成暴雨洪水；第二松花江、拉林河和牡丹江等松花江干流南侧的河流台风和南来气旋影响而产生暴雨洪水；嫩江干支流松花江干流北岸的呼兰河、汤旺河等支流冷涡、地形等多种因素影响而产生暴雨洪水。

嫩江洪水多是前期连续性的降雨，后期遭遇一次集中性的暴雨造成，形成大洪水的暴雨，经常出现在嫩江中、下游右侧支流上，如 1998 年洪水；第二松花江的造洪暴雨则是一次暴雨，形成大洪水的暴雨，经常出现在丰满水库以上的上游区或以下的中下游区域，如 2013 年洪水；松花江全流域性的洪水，往往不是同一次暴雨形成，而是由几次连续降雨或暴雨分布在不同支流上产生洪水，经遭遇组合形成干流大洪水，如 1957 年、1998 年洪水；黑龙江发生洪水，通常是多个支流同时发生洪水，特别是黑龙江上游与支流结雅河、布列亚河洪水遭遇情况较为常见，如 1958 年、1984 年、1972 年洪水。

黑龙江近 100 多年里多次发生大洪水，据调查、实测和有关资料记载，1872 年、1897 年、1928 年、1929 年、1956 年、1958 年、1959 年、1972 年、1984 年、2013 年等年份均发生过洪水，其中 1872 年、1897 年、1958 年、1984 年和 2013 年为流域性大洪水。漠河以上前三位洪水年分别为 1872 年、1958 年、1956 年，漠河至黑河段前三位洪水年分别为 1872 年、1958 年、1984 年，黑河至嘉荫段前三位洪水年分别为 1872 年、2013 年、1928 年，同江至抚远段前三位洪水年分别为 2013 年、1897 年、1984 年。主要支流中，松花江前三位洪水年分别为 1932 年、1998 年、1960 年，结雅河前三位洪水年分别为 1972 年、2013 年、1984 年，布列亚河前三位洪水年分别为 1972 年、1961 年、1960 年。

黑龙江干流上游洪水传播较快，从洛古河到黑河只需要 6～8d；中下游河流比降较缓，洪水传播时间较长，从黑河到抚远需要 9～15d；嫩江干流尼尔基水库以上洪水传播较快，从河源到尼尔基水库需 4d，尼尔基水库以下洪水传播较慢，从尼尔基水库到三岔河口需 10d；松花江干流洪水的传播时间为 14～19d；乌苏里江干流洪水的传播时间为 10d。黑龙江流域主要站点断面间距及洪水传播时间示意见图 1-4。

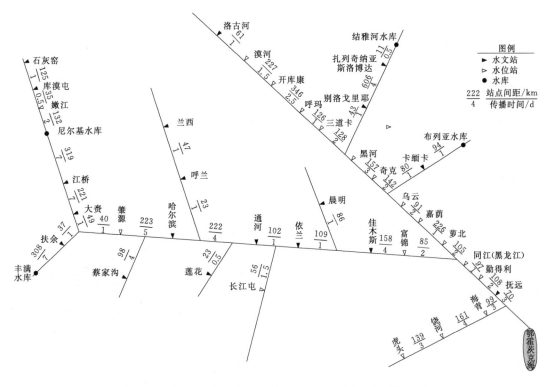

图 1-4　黑龙江流域主要站点断面间距及洪水传播时间示意

第三节　水　文　站　网

黑龙江流域中国境内现有各类水文测站 2480 处，其中水文站 211 处，水位站 105 处，雨量站 2164 处，雨量站网密度 313km²/站，水文站网密度 3301km²/站。但各分区之间差异较大，尤其是额尔古纳河流域站网明显不足。

俄罗斯境内共有各类水文测站 443 个，其中雨量站 172 个。目前，俄罗斯沿额尔古纳河、黑龙江和乌苏里江 3500km 界河上的所有站点均是水位站，没有开展常规的流量观测。雨量站网密度为 8418km²/站（结雅河 12940km²/站、布列亚河 10100km²/站、石勒喀河 9810km²/站），水文站网密度为 5590km²/站，黑龙江流域水文站网分布见图 1-5（见文后彩插）。目前中俄两国各有 14 处测站交换水文信息。各类站网数量统计见表 1-2。

表 1-2　　　　　　　　　　　黑龙江流域站网情况一览表

流域分区	分区面积/km²			雨量站数/站			流量站数/站			测站总数/站		
	中	俄	合计	中	俄	合计	中	俄	合计	中	俄	合计
石勒喀河	0	20.6	20.6	0	25	25	0	60 (1)	60	0	85	85
额尔古纳河	16.43	4.91	21.34	15	10	25	15	11	26	30	21	51

流域分区	分区面积/km²			雨量站数/站			流量站数/站			测站总数/站		
	中	俄	合计	中	俄	合计	中	俄	合计	中	俄	合计
结雅河	0	23.3	23.3	0	29	29	0	40(3)	40	0	69	69
布列亚河	0	7.07	7.07	0	10	10	0	17(2)	17	0	27	27
松花江	56.12	0	56.12	1790	0	1790	170	0	170	2032	0	2032
乌苏里江	5.98	13.6	19.58	184	28	212	10	67(2)	77	200	95	295
黑龙江干流	11.71	30.97	42.68	175	70	245	16	76	92	218	146	364
合计	90.24	100.45	190.69	2164	172	2336	211	271	482	2480	443	2923

注 括号内数字为2013年汛期俄方交换信息测站数量。

第四节 主 要 水 利 工 程

尼尔基水库位于嫩江干流齐齐哈尔市上游130km，控制流域面积6.64万km²，占嫩江流域面积的22%。水库主坝为沥青混凝土心墙土石坝，按千年一遇洪水设计，可能最大洪水校核，坝顶高程221.00m，最大坝高41.5m，总库容86.10亿m³，防洪高水位218.15m，防洪库容23.68亿m³，最大泄量21300m³/s。

丰满水库位于第二松花江干流吉林市上游16km，控制流域面积4.25万km²，占第二松花江流域面积的58%。水库主坝为混凝土重力坝，按500年一遇洪水设计，万年一遇洪水校核，坝顶高程267.70m，最大坝高92.20m，总库容109.88亿m³，最大泄量13000m³/s。白山水库位于丰满水库上游约200km，吉林省桦甸县境内，距头道江、二道江汇合口约12km，控制流域面积1.9万km²，占丰满水库以上流域面积的44.7%，水库按500年一遇洪水设计，5000年一遇洪水校核，水库校核洪水位420.00m，总库容59.10亿m³。白山水库、丰满水库是以防洪、发电为主，结合灌溉、养鱼等综合利用的大型水库。水库除承担第二松花江丰满水库以下河段的防洪任务外，还承担着为嫩江洪水错峰，减轻哈尔滨市防洪压力的任务。

结雅水电站位于结雅河上游，1964年开工建设，1975年开始蓄水，1976年建成。水库位于结雅市上游3km处，距河口652km，控制流域面积为8.25万km²，库区平均水深38m，坝前最大达到97m，水库长度为225km，中部宽度为24km，平均水面面积2420km²，正常高库容684亿m³，防洪库容161亿m³。水库可调蓄的坝址以上流域产生的径流量占结雅河总径流量的36%。结雅水电站建成后，改变了结雅河的水文情势。电站投入运行以来，冬季河道流量增加了20～25倍，从50m³/s增大到1200m³/s。结雅水库属于国家控股（政府占51%，俄罗斯东方电力集团占49%）的综合性水力发电枢纽，主要有向俄罗斯远东地区供电、调节电力系统供电平衡、降低阿穆尔河洪水风险、为农田提供灌溉等多项功能。根据俄罗斯科学家分析，在结雅水库影响下，黑龙江结雅河口以下江段不同频率洪水的最大流量比天然条件减少20%～25%。

布列亚水电站距河口174km处，控制流域面积6.52万km²，年平均流量为866m³/s。布列亚水电站为山区水库，长234km，正常高水位对应面积750km²，总库容209亿m³，水库调节径流量占整个布列亚河的92%。水库于1976年开工建设，计划于1991年建成，但随后由于经济问题停工，1999年年底重启工程建设，直到2003年建成开始蓄水，2007年完成所有发电机组安装工作并试运行，2015年起水库正式运行。布列亚水库主要作用是向俄罗斯远东地区供电，负责布列亚河、阿穆尔河的防洪安全，以及向周边150km^{2}范围内的农田提供灌溉用水。

黑龙江流域主要水库基本情况详见表1-3。

表1-3　　　　　　　　　　　黑龙江流域主要水库基本情况

水库名称	所在河流	集水面积/万km^2	总库容/亿m^3	校核水位/m	设计水位/m	兴利水位/m	死水位/m	兴利库容/亿m^3	防洪库容/亿m^3	历史最高库水位/m
白山	第二松花江	1.90	59.1	420.00	418.30	413.00	380.00		55.56	418.35
丰满	第二松花江	4.25	109.9	267.70	266.86	263.50	242.00	60.89		266.18
尼尔基	嫩江	6.64	86.1	219.90	218.15	216.00	195.00	59.68	23.68	216.54
结雅	结雅河	8.25	873.8	322.10		315.00	299.00		161.0	319.53
布列亚	布列亚河	6.52	247.3	260.75		254.00	236.00			255.47

第五节　社会经济发展概况

黑龙江流经东北亚6国中的中国、俄罗斯、蒙古国和朝鲜等4国的15个一级行政区，包括中国的黑龙江省、吉林省、内蒙古自治区、辽宁省，俄罗斯的滨海边疆区、哈巴罗夫斯克边疆区、犹太自治州、阿穆尔州、外贝加尔边疆区、蒙古国的东方省、苏赫巴特尔省、肯特省、东戈壁省、中央省、朝鲜的两江道，在东北亚区域中占地理中心的位置，是一条重要的国际河流。黑龙江可航行河段长3000km，普通船只可航行至石勒喀河、额尔古纳河、结雅河、布列亚河、松花江、乌苏里江和阿姆贡河下游。中俄两国重要的铁路、公路、输气输油管道穿越黑龙江流域，交通体系发展迅速。

中国境内包括黑龙江、内蒙古、吉林和辽宁4省（自治区），其中黑龙江省面积最大，占52.1%；内蒙古自治区次之，占32.7%；第三位是吉林省，占15.1%；辽宁省仅为0.1%。2013年，区域内总人口6135万人，国内生产总值27042亿元，工业增加值12115.9亿元，进出口总值656.41亿美元。

俄罗斯境内生活着大约500万人，主要的产业类型均与采矿和森林工业相关，制造业、工程建设和化工较为发达。流域内土地肥沃，特别是中游地区，有大面积的耕地。广阔而富饶的草原为发展畜牧业奠定良好基础。

第二章 暴 雨 分 析[*]

第一节 降 雨 及 特 点

一、降雨概况

2013 年 5—9 月，黑龙江流域降雨量 525.5mm，较常年同期偏多 28%。降雨量大于 300mm、400mm、500mm、600mm 的笼罩面积分别为 195.9 万 km²、164.9 万 km²、106.3 万 km²、64.8 万 km²，占流域总面积的 95.6%、80.4%、51.8%、31.6%。降雨量超过 500mm 的区域主要集中在黑龙江干流上中游、嫩江上中游、第二松花江上中游、松花江干流中下游、乌苏里江上中游、结雅河、布列亚河等地，降雨量较常年同期偏多 50% 以上的区域位于额尔古纳河上中游、黑龙江干流上游、嫩江上游局部、结雅河中下游及布列亚河下游等地，其中额尔古纳河上游偏多 100% 以上。

5—9 月，黑龙江流域中国境内降雨量 563.6mm，较常年同期（413.7mm）偏多 36%，列 1964 年以来同期第 1 位。其中：额尔古纳河 485.5mm，黑龙江干流 616.8mm，乌苏里江 501.1mm，嫩江 538.1mm，第二松花江 679.6mm，松花江干流 607.4mm。与常年同期相比，额尔古纳河偏多 56%，黑龙江干流偏多 46%，乌苏里江偏多 18%，嫩江偏多 34%，第二松花江偏多 24%，松花江干流偏多 24%。降雨量大于 300mm、400mm、500mm、600mm 的笼罩面积分别为 89.7 万 km²、83.0 万 km²、56.8 万 km²、28.6 万 km²，占中国境内流域总面积的 99.4%、92.0%、62.9%、31.7%。最大点雨量位于第二松花江上游二道白河白头山口站，降雨量为 1158.2mm。

黑龙江流域俄罗斯境内降雨量 544.7mm，其中：石勒喀河 366.3 mm，额尔古纳河 451.0mm，结雅河 682.5mm，布列亚河 674.6mm，黑龙江干流 534.8mm，乌苏里江 562.0mm。最大点雨量位于结雅河中游十月镇站（Oktiabr′skij Priisk），降雨量为 951.7mm。

2013 年 5—9 月黑龙江流域降雨量等值线及距平见图 2-1 和图 2-2，黑龙江流域中国境内历年 5—9 月降雨量图见图 2-3。

二、各月降雨

2013 年黑龙江流域从 5 月中旬至 9 月中旬一直持续阴雨天气，降雨量异常偏大，降雨日数明显偏多。5—6 月主要降雨区自黑龙江干流上中游、嫩江上中游、结雅河、布列亚河等地区开始，移动至石勒喀河中游、额尔古纳河上中游、嫩江下游、第二松花江上中游、松花江干流上游等地；7—8 月是流域降雨最为集中的时段，主要降雨区覆盖了额尔古纳河及

---

[*] 本章降雨过程、暴雨特性、暴雨成因、与历史比较等均以中国境内为主进行分析。

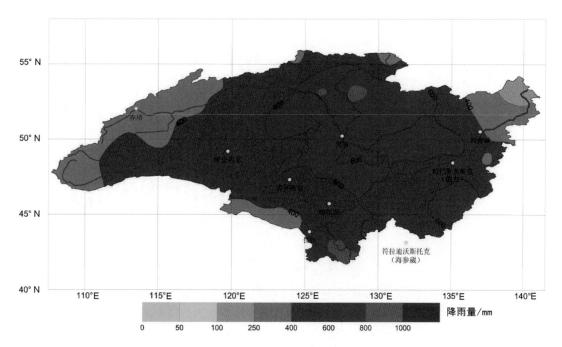

图 2-1 2013 年 5—9 月黑龙江流域降雨量等值线

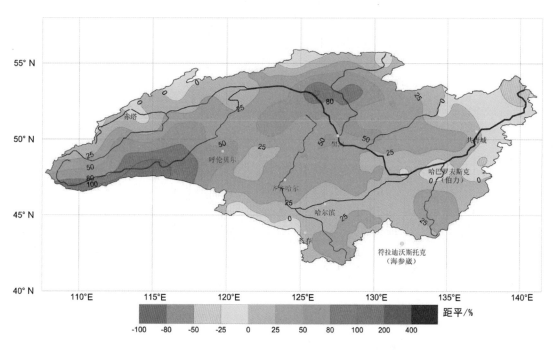

图 2-2 2013 年 5—9 月黑龙江流域降雨量距平等值线

黑龙江干流、嫩江、第二松花江上中游、松花江干流、乌苏里江上中游、结雅河、布列亚河上中游等大部分地区；8 月下旬开始流域中西部降雨略有减弱，主要降雨区东移至黑龙江干流中游、第二松花江上中游、松花江干流北侧支流、乌苏里江中下游；9 月主要降雨区位于

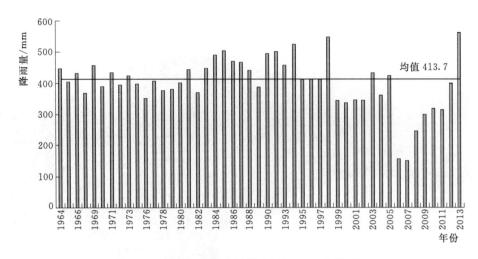

图 2-3 黑龙江流域中国境内历年 5—9 月降雨量

结雅河中游、布列亚河等地。2013 年 5—9 月黑龙江流域中国境内日降雨量柱状图及累积降雨量过程线见图 2-4，2013 年 5—9 月黑龙江流域俄罗斯境内日降雨量柱状图及累积降雨量过程线见图 2-5。

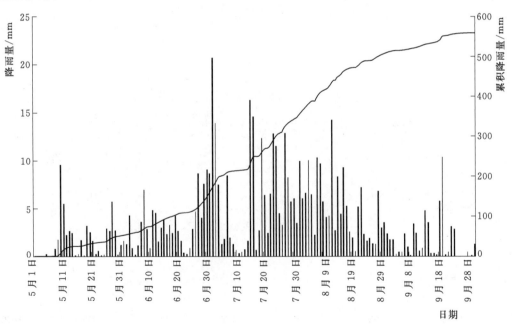

图 2-4　2013 年 5—9 月黑龙江流域中国境内日降雨量柱状图及累积降雨量过程线

5 月，黑龙江流域降雨量 73.1mm，较常年同期偏多 65%。降雨量大于 100mm 的笼罩面积为 40.9 万 km²，占流域总面积的 19.9%。降雨量超过 100mm 的区域主要集中在黑龙江干流上中游、嫩江上游、结雅河、布列亚河等地，降雨量较常年同期偏多 100%以上的区域位于石勒喀河上游和下游、额尔古纳河、黑龙江干流上中游、嫩江上游、结雅河及布列亚河中游等地，其中石勒喀河上游、额尔古纳河上游和下游、黑龙江干流上游右

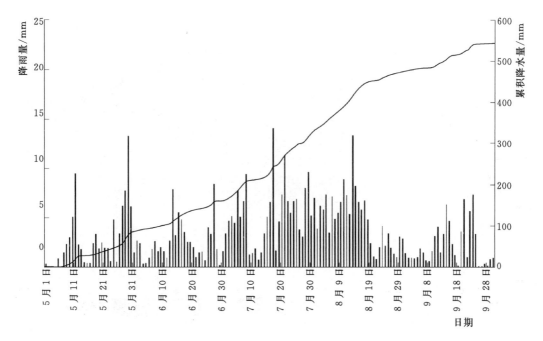

图 2-5　2013 年 5—9 月黑龙江流域俄罗斯境内日降雨量柱状图及累积降雨量过程线

侧、嫩江上游局地偏多 200％以上。

黑龙江流域中国境内降雨量 54.8mm，较常年同期偏多 45％。其中：额尔古纳河 52.9mm，黑龙江干流 82.2mm，乌苏里江 53.4mm，嫩江 41.1mm，第二松花江 56.7mm，松花江干流 60.0mm。与常年同期相比，额尔古纳河偏多 122％，黑龙江干流偏多 94％，乌苏里江偏多 7％，嫩江偏多 38％，第二松花江偏少 6％，松花江干流偏多 22％。降雨量大于 100mm 的笼罩面积为 7.1 万 km²，占中国境内流域总面积的 7.8％。最大点雨量位于黑龙江干流支流呼玛河十八站林业局，降雨量为 146.2mm。

黑龙江流域俄罗斯境内降雨量 86.2mm，其中：石勒喀河 47.9mm，额尔古纳河 66.1mm，结雅河 130.7mm，布列亚河 112.8mm，黑龙江干流 81.5mm，乌苏里江 69.6mm。最大点雨量位于结雅河下游斯托闸坝（Stojba）站，降雨量为 195.6mm。

2013 年 5 月黑龙江流域降雨量等值线及距平见图 2-6 和图 2-7。

6 月，黑龙江流域降雨量 85.0mm，较常年同期偏多 11％。降雨量大于 100mm、200mm 的笼罩面积分别为 56.1 万 km²、0.4 万 km²，占流域总面积的 27.4％、0.2％。降雨量超过 100mm 的区域主要集中在石勒喀河中游、额尔古纳河中游、嫩江中下游、第二松花江、松花江干流上游、布列亚河上游等地，降雨量较常年同期偏多 100％以上的区域位于石勒喀河中游、额尔古纳河上中游等地，其中额尔古纳河中游偏多 200％以上。

黑龙江流域中国境内降雨量 97.1mm，较常年同期偏多 21％。其中：额尔古纳河 80.0mm，黑龙江干流 64.2mm，乌苏里江 77.4mm，嫩江 112.5mm，第二松花江 129.5mm，松花江干流 100.9mm。与常年同期相比，额尔古纳河偏多 30％，黑龙江干流偏少 19％，乌苏里江偏多 5％，嫩江偏多 46％，第二松花江偏多 20％，松花江干流偏多 10％。降雨量大于 100mm、200mm 的笼罩面积分别为 37.9 万 km²、0.4 万 km²，占中国

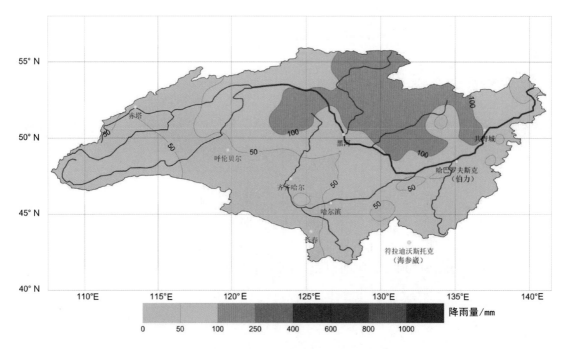

图 2-6 2013年5月黑龙江流域降雨量等值线

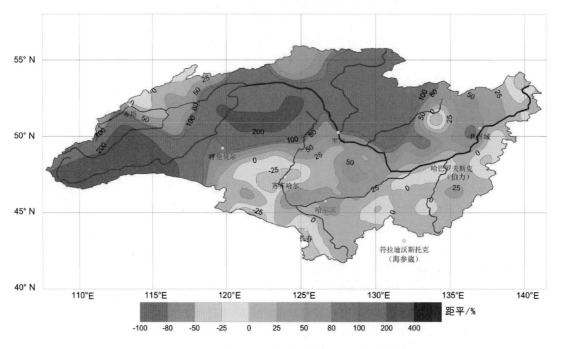

图 2-7 2013年5月黑龙江流域降雨量距平等值线

境内流域总面积的 42.0%、0.4%。最大点雨量位于松花江支流拉林河上游胜利林场站，降雨量为 243.6mm。

黑龙江流域俄罗斯境内降雨量 76.0mm。其中，石勒喀河 85.8 mm，额尔古纳河

108.0mm，结雅河 64.8mm，布列亚河 96.2mm，黑龙江干流 70.2mm，乌苏里江 68.2mm。最大点雨量位于黑龙江干流下游伊拉卡姆（Irumka）站，降雨量为 209.8mm。

2013 年 6 月黑龙江流域降雨量等值线及距平见图 2-8 和图 2-9。

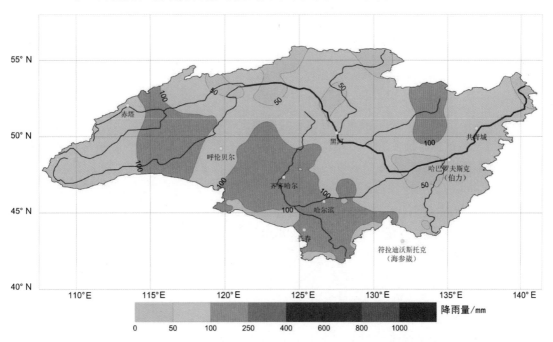

图 2-8　2013 年 6 月黑龙江流域降雨量等值线

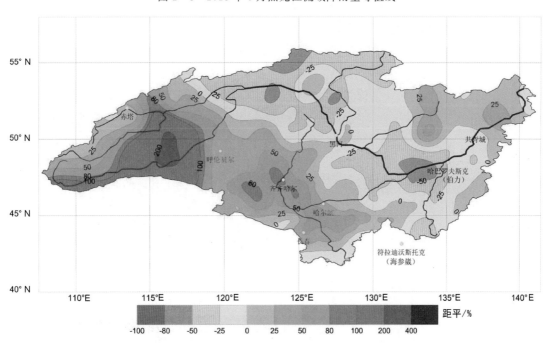

图 2-9　2013 年 6 月黑龙江流域降雨量距平等值线

7月，黑龙江流域降雨量168.8mm，较常年同期偏多41%。降雨量大于100mm、200mm、300mm的笼罩面积分别为162.6万km²、70.4万km²、9.6万km²，占流域总面积的79.3%、34.4%、4.7%。降雨量超过200mm的区域主要集中在额尔古纳河中游、黑龙江干流、嫩江上中游、二松上中游、松花江支流呼兰河、汤旺河、乌苏里江上中游，以及结雅河、布列亚河上游等地，较常年同期偏多100%以上的区域位于黑龙江干流上游、嫩江上游、乌苏里江上游、结雅河中下游等地，其中黑龙江干流上游、结雅河中游局地偏多150%以上。

黑龙江流域中国境内降雨量200.5mm，较常年同期偏多47%。其中：额尔古纳河173.8mm，黑龙江干流226.4mm，乌苏里江171.2mm，嫩江197.1mm，第二松花江248.5mm，松花江干流202.1mm。与常年同期相比，额尔古纳河偏多69%，黑龙江干流偏多80%，乌苏里江偏多49%，嫩江偏多35%，第二松花江偏多39%，松花江干流偏多32%。降雨量大于100mm、200mm、300mm的笼罩面积分别为88.4万km²、37.2万km²、5.0万km²，占中国境内流域总面积的97.9%、41.3%、5.5%。最大点雨量位于第二松花江上游二道白河白头山口站，降雨量为608.0mm。

黑龙江流域俄罗斯境内降雨量170.4mm，其中：石勒喀河83.6mm，额尔古纳河131.1mm，结雅河240.4mm，布列亚河190.4mm，黑龙江干流173.0mm，乌苏里江180.8mm。最大点雨量位于乌苏里江中游列索扎沃茨克（Lesozavodsk）站，降雨量为372.4mm。

2013年7月黑龙江流域降雨量等值线及距平见图2-10和图2-11。

8月，黑龙江流域降雨量141.9mm，较常年同期偏多28%。降雨量大于100mm、200mm、300mm的笼罩面积分别为153.1万km²、35.2万km²、2.3万km²，占流域总面积的74.7%、17.2%、1.1%。降雨量超过200mm的区域主要集中在黑龙江干流、第二松花江上中游、松花江干流中游及支流呼兰河、汤旺河、乌苏里江上中游，以及结雅河

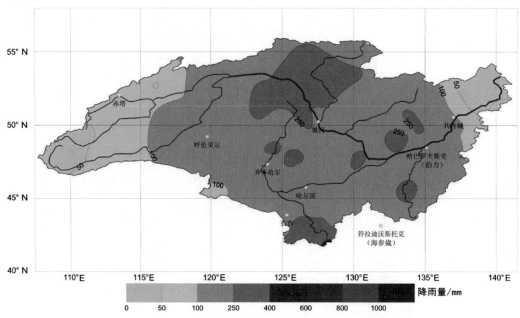

图2-10　2013年7月黑龙江流域降雨量等值线

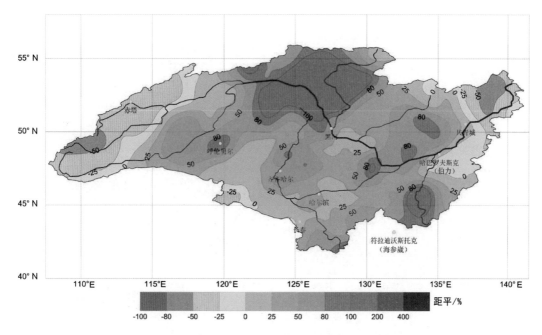

图 2-11　2013 年 7 月黑龙江流域降雨量距平等值线

中下游、布列亚河中下游等地，降雨量较常年同期偏多 100％以上的区域位于石勒喀河上游、额尔古纳河上游、黑龙江干流中游、乌苏里江上游右侧等地，其中额尔古纳河上游偏多 150％以上。

黑龙江流域中国境内降雨量 161.9mm，较常年同期偏多 48％。其中：额尔古纳河 130.0mm，黑龙江干流 182.4mm，乌苏里江 158.2mm，嫩江 135.0mm，第二松花江 201.5mm，松花江干流 203.3mm。与常年同期相比，额尔古纳河偏多 54％，黑龙江干流偏多 65％，乌苏里江偏多 34％，嫩江偏多 30％，第二松花江偏多 40％，松花江干流偏多 55％。降雨量大于 100mm、200mm、300mm 的笼罩面积分别为 73.6 万 km^2、16.6 万 km^2、2.2 万 km^2，占中国境内流域总面积的 81.6％、18.4％、2.4％。最大点雨量位于第二松花江上游东北岔河那尔轰站，降雨量为 421.8mm。

黑龙江流域俄罗斯境内降雨量 145.4mm，其中：石勒喀河 101.7 mm，额尔古纳河 97.4mm，结雅河 156.2mm，布列亚河 181.0mm，黑龙江干流 148.3mm，乌苏里江 187.3mm。最大点雨量位于结雅河下游别洛戈尔斯克（Belogorsk）站，降雨量为 353.5mm。

2013 年 8 月黑龙江流域降雨量等值线及距平见图 2-12 和图 2-13。

9 月，黑龙江流域降雨量 56.7mm，与常年同期相接近。降雨量大于 100mm 的笼罩面积为 13.1 万 km^2，占流域总面积的 6.4％。黑龙江流域中国境内降雨明显减弱，降雨量超过 100mm 的区域主要集中在俄罗斯境内的结雅河上中游、布列亚河等地，降雨量较常年同期偏多 50％以上的区域位于额尔古纳河上游和下游、黑龙江干流上游、结雅河中游、布列亚河中游等地，其中额尔古纳河上游偏多 100％以上。

黑龙江流域中国境内降雨量 49.2mm，接近常年同期。其中：额尔古纳河 48.8mm，黑龙江干流 61.6mm，乌苏里江 40.9mm，嫩江 52.6mm，第二松花江 43.4mm，松花江

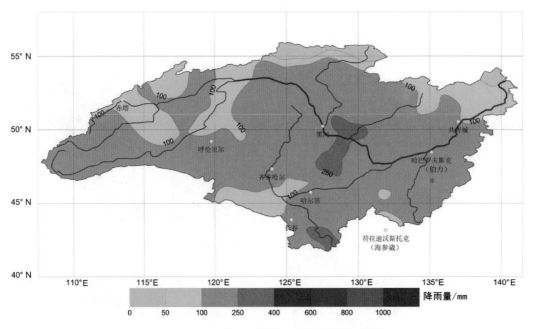

图 2-12 2013 年 8 月黑龙江流域降雨量等值线

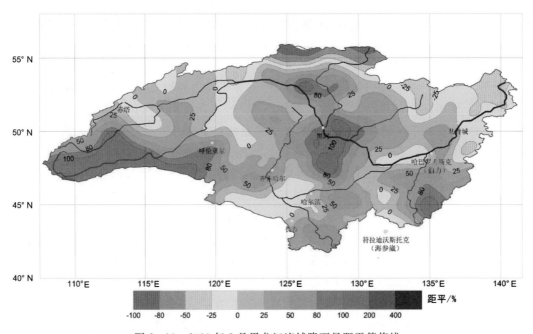

图 2-13 2013 年 8 月黑龙江流域降雨量距平等值线

干流 41.1mm。与常年同期相比，额尔古纳河偏多 26%，黑龙江干流偏少 5%，乌苏里江偏少 39%，嫩江偏多 15%，第二松花江偏少 28%，松花江干流偏少 36%。降雨量大于 100mm 的笼罩面积为 0.2 万 km²，占中国境内流域总面积的 0.3%。最大点雨量位于黑龙江干流中游支流逊毕拉河上游小兴安林场站，降雨量 127.2mm。

黑龙江流域俄罗斯境内降雨量 66.7mm。其中：石勒喀河 47.3 mm，额尔古纳河

48.5mm，结雅河 90.4mm，布列亚河 94.1mm，黑龙江干流 61.7mm，乌苏里江 56.1mm。最大点雨量位于结雅河中游博雅克沃斯基（Polyakovskij）站，降雨量为 171.0mm。

2013 年 9 月黑龙江流域降雨量等值线及距平见图 2-14 和图 2-15。

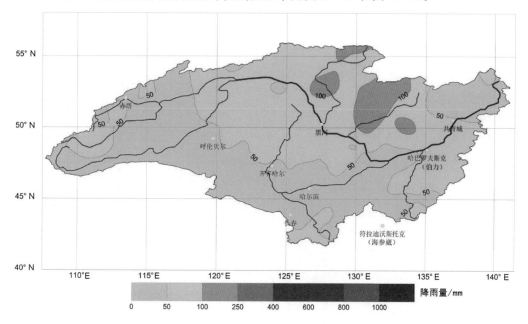

图 2-14　2013 年 9 月黑龙江流域降雨量等值线

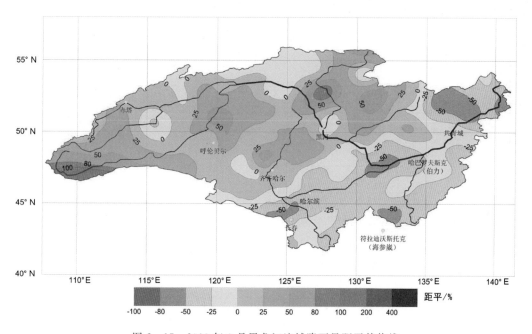

图 2-15　2013 年 9 月黑龙江流域降雨量距平等值线

2013 年 5—9 月黑龙江流域各月降雨量统计及降雨特性统计、黑龙江流域中国境内各月降雨特性统计见表 2-1～表 2-3。

表 2 - 1　2013 年 5—9 月黑龙江流域各月降雨量统计

流域分区 / 项目	中国境内 水系																				俄罗斯境内 水系						
	黑龙江流域			额尔古纳			黑龙江干流			乌苏里江			嫩江			第二松花江			松花江干流			黑龙江流域 降雨量/mm						
	降雨量/mm	均值/mm	距平/%	降雨量/mm	均值/mm	距平/%	降雨量/mm	均值/mm	距平/%	降雨量/mm	均值/mm	距平/%	降雨量/mm	均值/mm	距平/%	降雨量/mm	均值/mm	距平/%	降雨量/mm	均值/mm	距平/%	黑龙江流域	石勒喀河	额尔古纳河	结雅河	布列亚河	黑龙江干流	乌苏里江
5 月	54.8	37.9	45	52.9	23.8	122	82.2	42.4	94	53.4	50.1	7	41.1	29.8	38	56.7	60.0	-6	60.0	49.0	22	86.2	47.9	66.1	130.7	112.8	81.5	69.6
6 月	97.1	80.6	21	80.0	61.7	30	64.2	79.6	-19	77.4	73.7	5	112.5	77.1	46	129.5	107.8	20	100.9	91.5	10	76.0	85.8	108.0	64.8	96.2	70.2	68.2
7 月	200.5	136.2	47	173.8	102.8	69	226.4	125.5	80	171.2	114.7	49	197.1	145.5	35	248.5	178.8	39	202.1	153.1	32	170.4	83.6	131.2	240.4	190.4	173.0	180.8
8 月	161.9	109.5	48	130.0	84.3	54	182.4	110.3	65	158.2	118.0	34	135.0	103.8	30	201.5	143.6	40	203.3	130.9	55	145.4	101.7	97.4	156.2	181.0	148.3	187.3
9 月	49.2	49.5	-1	48.8	38.7	26	61.6	65.0	-5	40.9	67.2	-39	52.6	45.6	15	43.4	60.0	-28	41.1	64.2	-36	66.7	47.3	48.5	90.4	94.1	61.7	56.1
5—9 月	563.6	413.7	36	485.5	311.3	56	616.8	422.8	46	501.1	423.7	18	538.1	401.8	34	679.6	550.2	24	607.4	488.7	24	544.7	366.3	451.0	682.5	674.6	534.8	562.0

表 2 - 2

2013 年 5—9 月黑龙江流域各月降雨特性统计

月份	降雨笼罩面积												最大点雨量		
	>100mm		>200mm		>300mm		>400mm		>500mm		>600mm		水系	站名	雨量/mm
	面积/万km²	占总面积比/%	面积/万km²	占总面积比/%	面积/万km²	占总面积比/%	面积/万km²	占总面积比/%	面积/万km²	占总面积比/%	面积/万km²	占总面积比/%			
5	40.9	19.9											结雅河	斯托闸坝(Stojba)	195.6
6	56.1	27.4	0.4	0.2									松花江干流	胜利林场	243.6
7	162.6	79.3	70.4	34.4	9.6	4.7	0.2	0.1					第二松花江	白头山口	608.0
8	153.1	74.7	35.2	17.2	2.3	1.1							第二松花江	那尔轰	421.8
9	13.1	6.4											结雅河	博雅克沃夫斯基(Polyakovskij)	171.0
5—9	205.0	100	204.5	99.7	195.9	95.6	164.9	80.4	106.3	51.8	64.8	31.6	第二松花江	白头山口	1158.2

表 2 - 3

2013 年 5—9 月黑龙江流域中国境内各月降雨特性统计

月份	降雨笼罩面积												最大点雨量		
	>100mm		>200mm		>300mm		>400mm		>500mm		>600mm		水系	站名	雨量/mm
	面积/万km²	占总面积比/%	面积/万km²	占总面积比/%	面积/万km²	占总面积比/%	面积/万km²	占总面积比/%	面积/万km²	占总面积比/%	面积/万km²	占总面积比/%			
5	7.1	7.8											黑龙江干流	十八站林业局	146.2
6	37.9	42.0	0.4	0.4									松花江干流	胜利林场	243.6
7	88.4	97.9	37.2	41.3	5.0	5.5	0.2	0.2					第二松花江	白头山口	608.0
8	73.6	81.6	16.6	18.4	2.2	2.4							第二松花江	那尔轰	421.8
9	0.2	0.3											黑龙江干流	小兴安林场	127.2
5—9	90.2	100	90.2	100	89.7	99.4	83.0	92.0	56.8	62.9	28.6	31.7	第二松花江	白头山口	1158.2

三、降雨特点

2013年夏季黑龙江流域发生的降雨天气过程，具有以下四个特点：

（1）雨季开始早，降雨日数多。自5月中旬开始，黑龙江流域即出现了大范围明显降雨过程，比常年提前1个月左右；5月有4场较强降雨过程，流域内3/4以上地区降雨量均在50mm以上，比常年同期偏多30%～50%，流域北部地区偏多50%～70%。据统计，5—9月黑龙江流域降雨日数多达105d，占5—9月总日数的69%，与历史大洪水年1984年（111d）相接近。

（2）降雨过程多，雨区范围广。5—9月黑龙江流域持续出现连阴雨天气，共发生34场降雨过程，平均3～4d一次降雨过程。主要降雨区覆盖了流域内多条河流，即额尔古纳河下游、黑龙江干流、乌苏里江、嫩江、第二松花江、松花江干流，以及结雅河、布列亚河等地。降雨量大于500mm的笼罩面积达106.3万km²，占黑龙江流域总面积的51.8%。降雨过程之多，影响范围之广，均为历史罕见。

（3）降雨区重复，累积雨量大。在5—9月降雨集中期内，多场降雨过程在额尔古纳河、黑龙江干流上中游等地频繁发生，其中黑龙江干流上中游累积发生降雨过程26场，占流域总降雨场次的76%；额尔古纳河累积发生降雨过程22场，占流域总降雨场次的65%。5—9月黑龙江流域中国境内降雨563.6mm，比多年同期偏多36%，其中黑龙江干流降雨偏多46%，列多年同期第1位；额尔古纳降雨偏多56%，列多年同期第3位。

（4）雨区移动方向与洪水走向一致，叠加影响重。2013年5—6月降雨主要出现在石勒喀河、嫩江、第二松花江、布列亚河等河流的上中游地区；7—8月受天气系统稳定维持的影响，降雨带稳定在流域中部的黑龙江干流上中游、嫩江、第二松花江、松花江干流、结雅河、布列亚河、乌苏里江等大部分地区；8月下旬开始随着天气系统的东移，雨区也随之向流域中下游扩展，主要出现在黑龙江干流中下游、松花江干流中下游、布列亚河、乌苏里江中下游等地。因此，在暴雨洪水汇流和向下游传播过程中，暴雨区移动方向与洪水波叠加，加大洪水量级。

第二节 主 要 降 雨 过 程

根据黑龙江流域影响降雨的天气系统、降雨的连续性以及与洪水发生的对应关系，划分了夏季黑龙江流域5场主要降雨过程，即6月26日至7月4日、7月15—25日、7月26日至8月4日、8月7—12日、8月14—16日共5场降雨，这些大范围、高强度的降雨过程，造成了黑龙江流域性的暴雨洪水。

2013年5—9月黑龙江流域中国境内各水系日降雨量及累积降雨量、俄罗斯境内各水系日降雨量及累积降雨量见图2-16和图2-17。

一、6月26日至7月4日

6月26日至7月4日是黑龙江流域入汛后的第一场大范围降雨天气过程。降雨区主

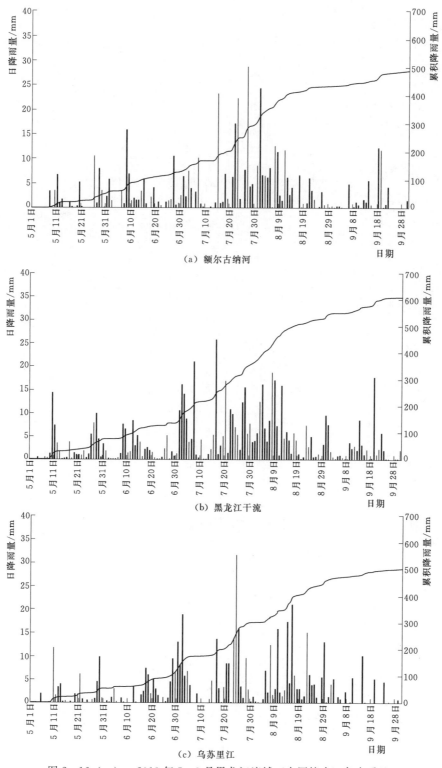

图 2-16（一）　2013 年 5—9 月黑龙江流域（中国境内）各水系日
降雨量柱状图及累积降雨量过程线

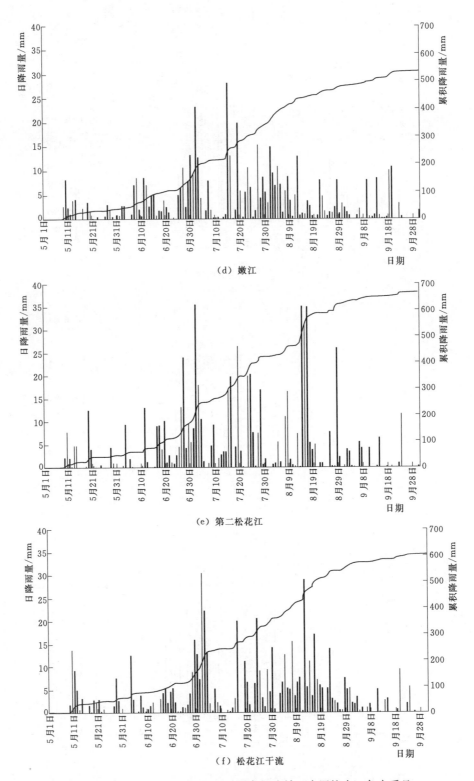

图 2-16（二）　2013 年 5—9 月黑龙江流域（中国境内）各水系日
降雨量柱状图及累积降雨量过程线

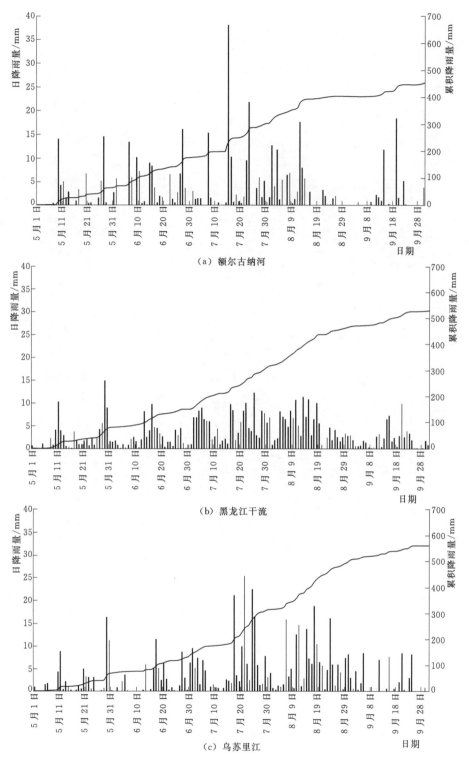

图 2-17（一）　2013 年 5—9 月黑龙江流域（俄罗斯境内）各水系日
降雨量柱状图及累积降雨量过程线

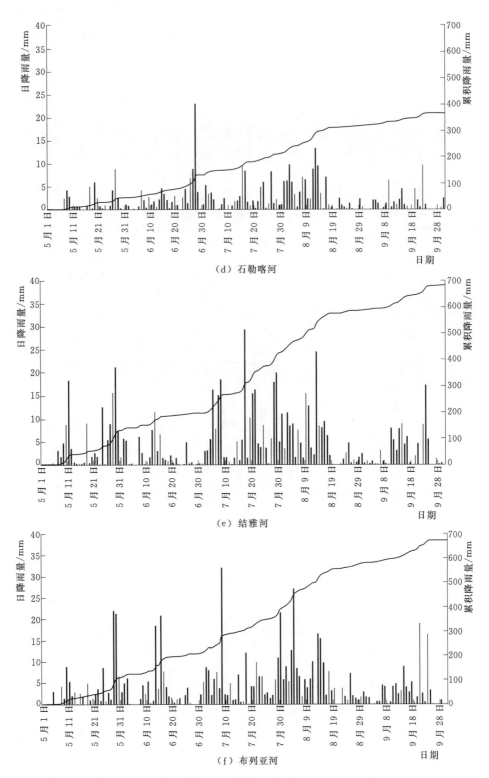

图 2-17（二）　2013 年 5—9 月黑龙江流域（俄罗斯境内）各水系日
降雨量柱状图及累积降雨量过程线

要位于流域南部地区,嫩江、第二松花江、松花江干流同时出现大面积降雨,使得第二松花江、松花江干流出现涨水过程,拉林河出现有实测资料以来最高洪水位。

本场降雨,降雨量超过100mm的区域主要集中在石勒喀河中游、嫩江中下游、第二松花江、松花江干流等地,降雨量超过200mm的高值区位于第二松花江下游、松花江支流拉林河等地。降雨量大于50mm、100mm、200mm的笼罩面积分别为79.2万km²、26.9万km²、2.2万km²,占流域总面积的38.6%、13.1%、1.1%。

黑龙江流域中国境内降雨量84.9mm,其中第二松花江129.2mm,松花江干流117.8mm,松花江支流拉林河215.2mm,嫩江91.4mm。降雨量大于50mm、100mm、200mm的笼罩面积分别为64.2万km²、26.9万km²、2.2万km²,占中国境内流域总面积的71.1%、29.8%、2.4%。最大点雨量位于松花江支流牡丹江上游海源林场站,累积降雨量324.8mm。

黑龙江流域俄罗斯境内降雨量33.1mm,其中石勒喀河51.6mm。最大点雨量位于石勒喀河奥洛维扬纳亚(Olovyannaya)站,累积降雨量130.8mm。详见图2-18。

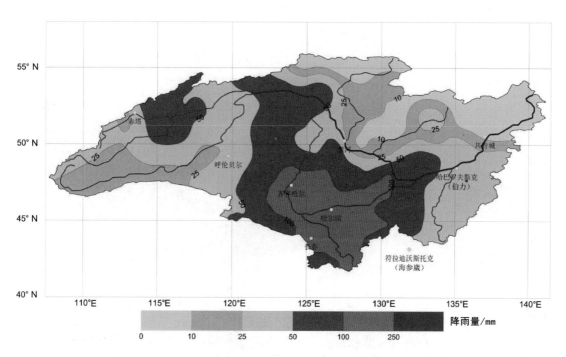

图2-18 2013年6月26日至7月4日黑龙江流域降雨量等值线

二、7月15—25日

7月15—25日是汛期覆盖范围最广、持续时间最长、降雨总量最大的一场降雨过程。降雨区主要位于流域北部和南部地区,黑龙江上游、结雅河、第二松花江、乌苏里江等出现高强度降雨,导致黑龙江干流上游、结雅河等地出现洪水过程。

本场降雨的雨区几乎覆盖了全流域,降雨量超过100mm的区域主要集中在额尔古纳河中游、黑龙江干流上游、嫩江上中游、第二松花江上中游、松花江支流牡丹江上中游、乌苏里江上中游，以及结雅河中下游等地，降雨量超过180mm的高值区位于第二松花江上游、乌苏里江上中游、结雅河中游等地。降雨量大于50mm、100mm、200mm的笼罩面积分别为154.0万 km²、49.2万 km²、1.5万 km²，占流域总面积的75.1%、24.0%、0.7%。

黑龙江流域中国境内降雨量90.9mm，其中：第二松花江119.7 mm，乌苏里江100.6 mm，嫩江93.0 mm，黑龙江干流91.4 mm，额尔古纳河82.5 mm，松花江干流80.5 mm。降雨量大于50mm、100mm、200mm的笼罩面积分别为82.9万 km²、26.0万 km²、0.6万 km²，占中国境内流域总面积的91.8%、28.8%、0.7%。最大点雨量位于第二松花江上游二道白河白头山口站，累积降雨量达280.6mm。

黑龙江流域俄罗斯境内降雨量76.5mm，其中：乌苏里江114.1mm，结雅河99.9mm，额尔古纳河86.1mm，黑龙江干流71.5mm，布列亚河50.3mm。最大点雨量位于乌苏里江列索扎沃茨克（Lesozavodsk）站，累积降雨量达336.9mm。详见图2-19。

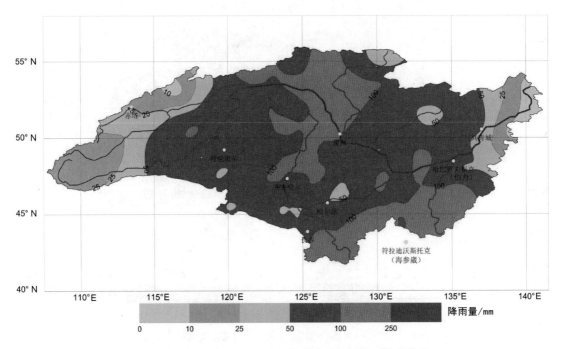

图2-19　2013年7月15—25日黑龙江流域降雨量等值线

三、7月26日至8月4日

7月26日至8月4日是黑龙江流域又一场大范围降雨过程。降雨区主要位于流域中北部的结雅河、松花江北岸支流等地，使得额尔古纳河上游支流海拉尔河、松花江支流呼兰河上游、结雅河等地出现较大洪水过程。

本场降雨与前一场降雨不仅在时间上连续，在降雨高值区也有许多重合之处。降雨量超过 100mm 的区域主要集中在额尔古纳河中游、黑龙江干流上中游、嫩江上游和下游以及右侧支流、松花江支流呼兰河上中游，以及结雅河中游、布列亚河上游和下游等地，降雨量超过 150mm 的高值区位于额尔古纳河支流海拉尔河中下游、黑龙江干流中游、松花江支流呼兰河上游、结雅河中游、布列亚河下游等地。降雨量大于 50mm、100mm、200mm 的笼罩面积分别为 106.4 万 km²、30.3 万 km²、0.4 万 km²，占流域总面积的 51.9%、14.8%、0.2%。

黑龙江流域中国境内降雨量 72.5mm，其中：额尔古纳河 98.6mm，黑龙江干流 85.4mm，嫩江 81.8mm，松花江干流 58.0mm。降雨量大于 50mm、100mm、200mm 的笼罩面积分别为 56.1 万 km²、16.2 万 km²、0.4 万 km²，占中国境内流域总面积的 62.1%、18.0%、0.5%。最大点雨量位于松花江支流呼兰河上游卫东林场站，累积降雨量达 281.0mm。

黑龙江流域俄罗斯境内降雨量 60.0mm，其中：布列亚河 102.1mm，结雅河 92.2mm，黑龙江干流 49.6mm。最大点雨量位于布列亚河马利诺夫卡（Malinovka）站，累积降雨量达 210.2mm。详见图 2-20。

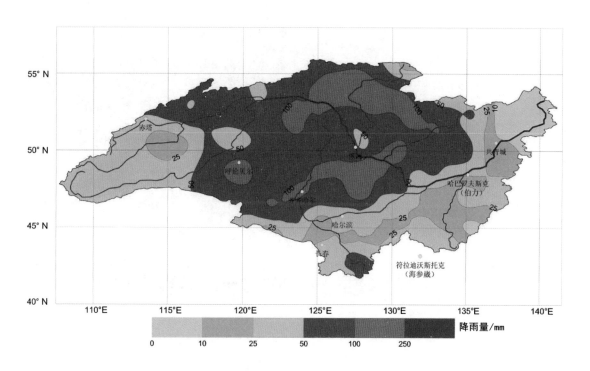

图 2-20 2013 年 7 月 26 日至 8 月 4 日黑龙江流域降雨量等值线

四、8 月 7—12 日

8 月 7—12 日降雨主要发生在流域中北部的黑龙江干流上中游、嫩江上游、松花江支流呼兰河等地，导致黑龙江干流上中游、嫩江上游、松花江干流、结雅河出现较大洪水，嫩江上游尼尔基水库发生 50 年一遇入库洪水过程。

本场降雨与前两场降雨，在降雨时间上具有连续性，在降雨高值区上具有重复性，降雨量超过 100mm 的区域主要集中在黑龙江干流上游、嫩江上中游、松花江支流呼兰河，以及结雅河中下游等部分地区。降雨量大于 50mm、100mm 的笼罩面积分别为 60.2 万 km²、7.3 万 km²，占流域总面积的 29.4%、3.5%。

黑龙江流域中国境内降雨量 49.1mm，其中：黑龙江干流 68.1mm，松花干流 63.4mm，额尔古纳河 46.2mm。降雨量大于 50mm、100mm 的笼罩面积分别为 36.1 万 km²、4.7 万 km²，占中国境内流域总面积的 40.0%、5.2%。最大点雨量位于松花江支流呼兰河上游北关站，累积降雨量达 213.0mm。

黑龙江流域俄罗斯境内降雨量 38.4mm，其中：石勒喀河 40.6mm，结雅河 40.4mm。最大点雨量位于结雅河别洛戈尔斯克（Belogorsk）站，累积降雨量达 150.7mm。详见图 2-21。

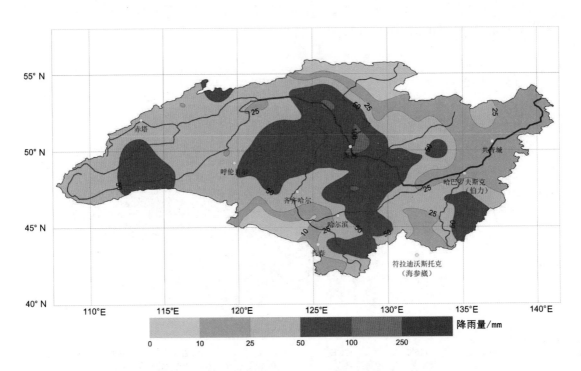

图 2-21　2013 年 8 月 7—12 日黑龙江流域降雨量等值线

五、8 月 14—16 日

8 月 14—16 日黑龙江流域第二松花江水系上中游、辽河、浑河出现了一场短历时、高强度暴雨过程。这场降雨使第二松花江上中游、辽河干流左侧支流、浑河上游均发生了较大洪水过程。

降雨首先从第二松花江支流辉发河及辽河干流左侧支流开始,之后暴雨区分别向第二松花江上游及辽河下游扩展,第三天降雨发展至最强盛阶段,主雨区再次移至辽河干流左侧支流及浑河等地。降雨量超过100mm的区域主要集中在第二松花江上中游、东辽河、辽河干流上中游及左侧支流、浑河等地,降雨量超过200mm的高值区位于第二松花江上游、辽河干流左侧支流、浑河上游等地,其中辽河干流左侧支流及浑河上游局地降雨量超过300mm。

本场降雨过程降雨量较大的有:第二松花江水系平均降雨量103.5mm,其中白山水库以上141.0mm、辉发河149.2mm;辽河流域平均降雨量44.4mm,其中东辽河92.2mm、辽河干流85.5mm、浑河太子河100.3mm。降雨量大于50mm、100mm的笼罩面积分别为14.5万km²、8.1万km²,占第二松花江水系和辽河流域总面积的37.2%、20.9%。本场降雨的暴雨中心位于浑河上游红透山站,8月15—16日2d累积降雨量高达456.0mm;次中心位于第二松花江上游东北岔河那尔轰站,8月14—15日2d累积降雨量高达285.0mm。详见图2-22。

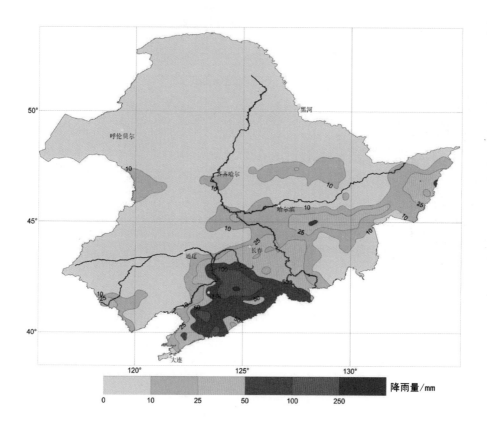

图2-22 2013年8月14—16日第二松花江水系、辽河流域降雨量等值线

2013年5—9月黑龙江流域主要降雨过程降雨特性统计及中国境内降雨特性统计、2013年5—9月黑龙江流域主要降雨过程流域雨量统计见表2-4~表2-6。

35

表 2 - 4

2013 年 5—9 月黑龙江流域主要降雨过程降雨特性统计

降雨场次	起止日期	不同降雨量的雨区笼罩面积										最大点雨量		
		>10mm		>25mm		>50mm		>100mm		>200mm		水系	站名	雨量/mm
		面积/万 km²	占总面积/%	面积/万 km²	占总面积/%	面积/万 km²	占总面积/%	面积/万 km²	占总面积/%	面积/万 km²	占总面积/%			
1	6 月 26 日至 7 月 4 日	177.4	86.5	143.1	69.8	79.2	38.6	26.9	13.1	2.2	1.1	松花江干流	海源林场	324.8
2	7 月 15—25 日	200.6	97.8	181.5	88.6	154.0	75.1	49.2	24.0	1.5	0.7	乌苏里江	列索扎沃茨克 (Lesozavodsk)	336.9
3	7 月 26 日至 8 月 4 日	194.4	94.8	166.9	81.4	106.4	51.9	30.3	14.8	0.4	0.2	松花江干流	卫东林场	281.0
4	8 月 12 日	188.4	91.9	143.4	70.0	60.2	29.4	7.3	3.5			松花江干流	北关	213.0

表 2 – 5

2013 年 5—9 月黑龙江流域中国境内主要降雨过程降雨特性统计

降雨场次	起止日期	主要雨区	不同降雨量的雨区笼罩面积										最大点雨量		
			>10mm		>25mm		>50mm		>100mm		>200mm		水系	站名	雨量/mm
			面积/万km²	占总面积/%	面积/万km²	占总面积/%	面积/万km²	占总面积/%	面积/万km²	占总面积/%	面积/万km²	占总面积/%			
1	6月26日至7月4日	石勒喀河中下游、嫩江下游、第二松花江、松花江干流	90.1	99.9	86.0	95.3	64.2	71.1	26.9	29.8	2.2	2.4	松花江干流	海源林场	324.8
2	7月15—25日	额尔古纳河上中游中俄两侧、黑龙江上游中俄两侧、嫩江中游、第二松花江上中游、呼兰河、牡丹江上中游、乌苏里江上中游中俄两侧、结雅河中游	90.2	100	90.1	99.8	82.9	91.8	26	28.8	0.6	0.7	第二松花江	白头山口	280.6
3	7月26日至8月4日	额尔古纳河上中游、黑龙江干流上中游中俄两侧、嫩江上游和下游、呼兰河上中游、结雅河中游、布列亚河上中游和下游	89.6	99.3	75.8	84.0	56.1	62.1	16.2	18	0.4	0.5	松花江干流	卫东林场	281.0
4	8月7—12日	黑龙江干流上中游中俄两侧、嫩江上中游、松花干支流呼兰河、结雅河中下游	83.4	92.4	68.7	76.1	36.1	40.0	4.7	5.2	0	0	松花江干流	北关	213.0
5	8月14—16日	第二松花江左侧支流、浑太河、东辽河、辽河干流及支流、鸭绿江	31.8	82.0	21.7	55.9	14.5	37.2	8.1	20.9			第二松花江	那尔轰	8月14—15日 285.0
													江河	红透山	8月15—16日 456.0

注 第 5 场雨计算时，总面积为第二松花江水系与辽河河流域面积之和。

37

表 2－6

2013 年 5—9 月黑龙江流域主要降雨过程流域雨量统计

降雨量/mm

降雨场次	起止日期	中国境内							俄罗斯境内						
		黑龙江流域							黑龙江流域	水系					
		黑龙江流域	额尔古纳	黑龙江干流	乌苏里江	嫩江	第二松花江	松花江干流	黑龙江流域	石勒喀河	额尔古纳	结雅河	布列亚河	黑龙江干流	乌苏里江
1	6 月 26 日至 7 月 4 日	84.9	37.3	58.5	75.5	91.4	129.2	117.8	33.1	51.6	34.2	13.2	26.9	32.3	43.4
2	7 月 15—25 日	90.9	82.5	91.4	100.6	93.0	119.7	80.5	76.5	37.5	86.1	99.9	50.3	71.5	114.1
3	7 月 26 日至 8 月 4 日	72.5	98.6	85.4	20.4	81.8	34.9	58.0	60.0	45.2	48.8	92.2	102.1	49.6	27.4
4	8 月 7—12 日	49.1	46.2	68.1	36.8	39.5	37.9	63.4	38.4	40.6	35.8	40.4	27.8	38.9	37.4
5	8 月 14—16 日	黑龙江流域第二松花江水系 103.5	支流 白山以上 141.0	辉发河 149.2	辽河流域 44.4	东辽河 92.2	辽河流域 水系 辽河干流 85.5	浑太河 100.3							

第三节 暴雨特性分析

以黑龙江流域五场造峰雨来分析流域降雨特性。黑龙江流域五场造峰雨的共同特点是：降雨持续时间长，均在 10d 左右；降雨区高度重合，多达 50% 以上；降雨总量大，中心点雨量均在 200mm 以上；日程分配极不均匀，降雨多集中在 1d 或 2～3d 内。分析内容包括暴雨中心位置及移动路径、暴雨日程分配和暴雨时空分布等三部分。

一、暴雨中心位置及移动路径

（1）6 月 26 日至 7 月 4 日的降雨过程受两次天气系统影响。6 月 26—30 日，受高空槽、切变线和蒙古气旋影响，降雨区主要集中在第二松花江中游及松花江支流拉林河等地，暴雨中心位于松花江支流拉林河上游旭日村站，累积降雨量 169.8mm；7 月 1—4 日受高空槽、华北气旋和蒙古气旋共同影响，降雨区略有北抬，主要集中在松花江支流拉林河及松花江干流上游等地，暴雨中心位于松花江支流格金河格金河林场站，累积降雨量 194.2mm。详见图 2-23。

（2）7 月 15—25 日降雨过程受两次天气系统影响。7 月 15—16 日，受高空槽、地面蒙古气旋影响，主要降雨区位于黑龙江干流上游、嫩江上中游右侧支流，暴雨中心位于嫩江支流诺敏河古城子站，2d 降雨量 103.4mm；7 月 18—25 日，该降雨过程分两个阶段：第一阶段 7 月 18—20 日，受另一高空槽影响，雨区略有东移，主要降雨区位于嫩江上中游左侧支流，与此同时在第二松花江上游也有一个降雨高值区，暴雨中心位于嫩江左侧支流科洛河嫩北气象站，累积降雨量 139.7mm，次中心位于第二松花江上游三统河三源浦站，累积降雨量 133.0mm；第二阶段 7 月 22—25 日，受新一轮高空槽、蒙古气旋影响，雨区向偏北方向移动，主要降雨区分别位于黑龙江干流中游、牡丹江上游及乌苏里江上游等地，暴雨中心位于乌苏里江支流穆棱河代马沟村站，累积降雨量 151.4mm，次中心位于黑龙江干流中游红星村站，累积降雨量 99.6mm。详见图 2-24。

（3）7 月 26 日至 8 月 4 日的降雨过程受两次天气系统影响。7 月 26—30 日，受高空槽、切变、冷锋共同影响，主要降雨区位于额尔古纳河、黑龙江干流上游、嫩江上游、松花江支流呼兰河上游等地，暴雨中心位于松花江支流呼兰河上游卫东林场站，累积降雨量 226.4mm；8 月 1—4 日，受切变线和蒙古气旋共同影响，降雨区略向东北方向移动，主要降雨区位于额尔古纳河中游、黑龙江干流中游、嫩江上中游、松花江支流呼兰河上游等地，暴雨中心位于黑龙江支流库尔滨河新建村站，累积降雨量 219.6mm。详见图 2-25。

（4）8 月 7—12 日降雨过程受两次天气系统影响。8 月 7—10 日，受高空槽、蒙古气旋共同影响，主要降雨区位于黑龙江上中游、嫩江上游、松花江支流呼兰河上游等地，暴雨中心位于松花江支流呼兰河红光水库站，累积降雨量 196.5mm；8 月 11—12 日，受低层切变线和另一蒙古气旋影响，降雨区稳定少动，主要降雨区位于黑龙江上中游、嫩江上游及右侧支流、松花江支流呼兰河上游等地，暴雨中心位于松花江支流呼兰河边井村站，累积降雨量 170.5mm。详见图 2-26。

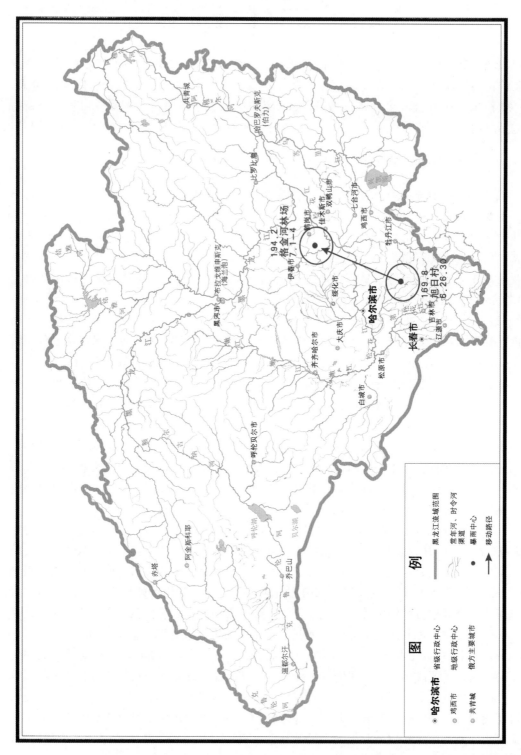

图 2 - 23 2013 年 6 月 26 日至 7 月 4 日黑龙江流域暴雨中心移动路径

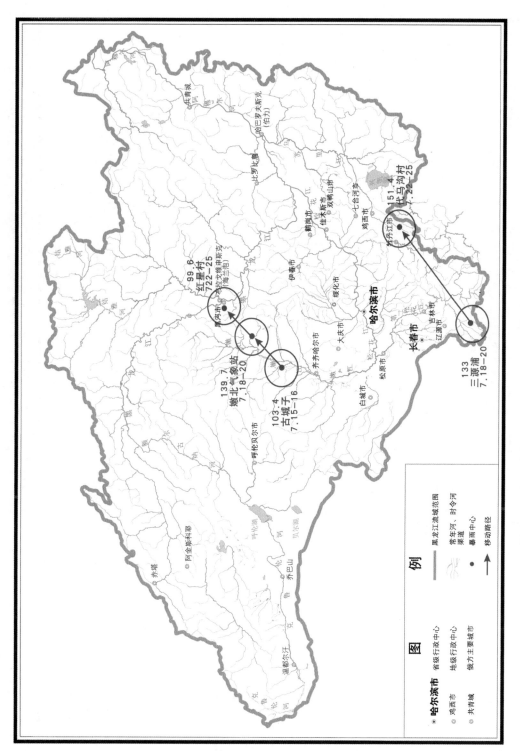

图 2-24　2013 年 7 月 15—25 日黑龙江流域暴雨中心移动路径

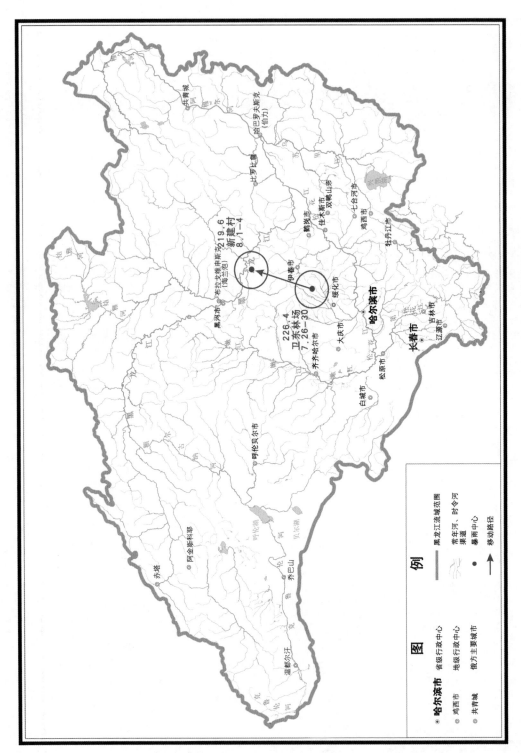

图 2-25　2013 年 7 月 26 日至 8 月 4 日黑龙江流域暴雨中心移动路径

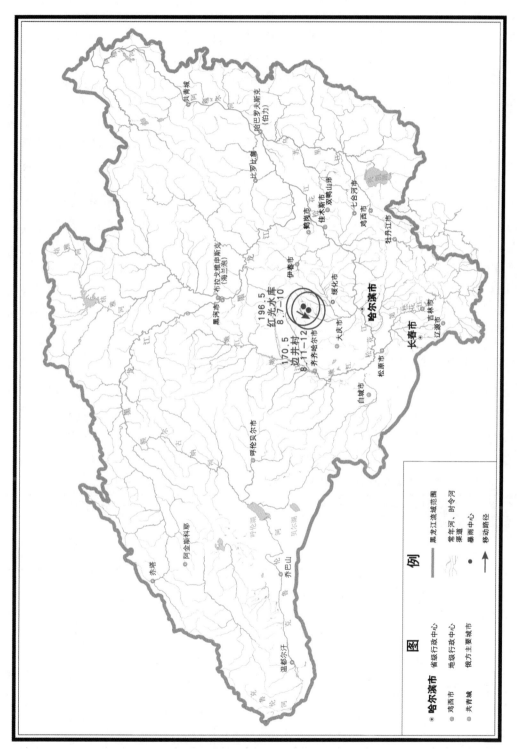

图 2-26 2013 年 8 月 7—12 日黑龙江流域暴雨中心移动路径

图例

黑龙江流域范围

常年河、时令河渠道

暴雨中心

移动路径

哈尔滨市 省级行政中心

鸡西市 地级行政中心

共青城 俄方主要城市

（5）8月14—16日，受副热带高压后部切变和华北气旋的共同影响，松辽流域东南部地区出现较强降雨过程，暴雨区主要笼罩黑龙江流域的第二松花江水系上中游，辽河流域的东辽河、辽河干流上中游及左侧支流、浑河太子河等地区。

8月14日随着副热带高压加强北抬，在低层有切变线移至第二松花江至辽河一带，导致出现强降雨，降雨区主要集中在第二松花江上中游、东辽河、辽河上游及左侧支流，暴雨中心位于第二松花江上游梅河大阳站，日降雨量194.0mm；8月15日伴随着系统东移，锋区加强，降雨加剧，雨区随之向东移动，同时流域西部有华北气旋移入，其气旋暖锋已伸至辽河流域西部，降雨区主要集中在第二松花江上中游、东辽河、辽河下游右侧支流，暴雨中心位于辽河干流下游羊肠河司屯站，日降雨量212.5mm，次中心位于第二松花江上游东北岔河那尔轰站，日降雨量209.4mm；8月16日副热带高压势力有所减弱，华北气旋加强北上再次引发强降雨，雨区同时向东扩展，降雨区主要集中在辽河干流及左侧支流、浑河太子河、第二松花江上游、东辽河及鸭绿江等地，暴雨中心位于浑河上游红透山站，日降雨量430.0mm。整个过程暴雨中心位于浑河上游红透山站，8月15—16日2d累积降雨量高达456.0mm；次中心位于第二松花江上游东北岔河那尔轰站，8月14—15日2d累积降雨量高达285.0mm。详见图2—27。

由以上分析可知，黑龙江流域5场降雨过程暴雨中心的移动特点是：暴雨中心的移动方向均是略向东北方向移动，但有三场暴雨中心的移动较缓慢，有两场暴雨中心稳定少动。

二、暴雨日程分配

以黑龙江流域5场降雨过程的暴雨中心站为代表，分析暴雨过程的日程分配特征。

（1）6月26日至7月4日降雨过程的暴雨中心为松花江支流牡丹江海源林场站，9d累积雨量为324.8mm，9d降雨主要集中在6月29日、7月2日、7月3日，雨量分别为99.6mm、76.0mm、62.6mm，这3d雨量占9d雨量的73.3%，见表2—7。

表2—7　　　　2013年6月26日至7月4日黑龙江流域暴雨中心站降雨量日程分配

河名	站名	项目	6月26日	6月27日	6月28日	6月29日	6月30日	7月1日	7月2日	7月3日	7月4日	合计
松花江	海源林场	降雨量/mm	18.6	15	13.2	99.6	0	0.2	76.0	62.6	39.6	324.8
		分配/%	5.7	4.6	4.1	30.7	0	0	23.4	19.3	12.2	100

（2）7月15—25日降雨过程的暴雨中心为第二松花江上游二道白河白头山口站，11d累积雨量为280.6mm。11d降雨主要集中在16日、19日、24日、25日，雨量分别为58.4mm、56.4mm、48.8mm、62.4mm，这4d雨量占11d雨量的63.2%。见表2—8。

表2—8　　　　2013年7月15—25日黑龙江流域暴雨中心站降雨量日程分配

河名	站名	项目	15日	16日	17日	18日	19日	20日	21日	22日	23日	24日	25日	合计
第二松花江	白头山口	降雨量/mm	5.2	58.4	0	1.4	56.4	4.6	1.4	2.6	39.4	48.8	62.4	280.6
		分配/%	1.9	20.8	0	0.5	20.1	1.6	0.5	0.9	14	17.4	22.2	100

（3）7月26日至8月4日降雨过程的暴雨中心为松花江支流呼兰河卫东林场站，10d

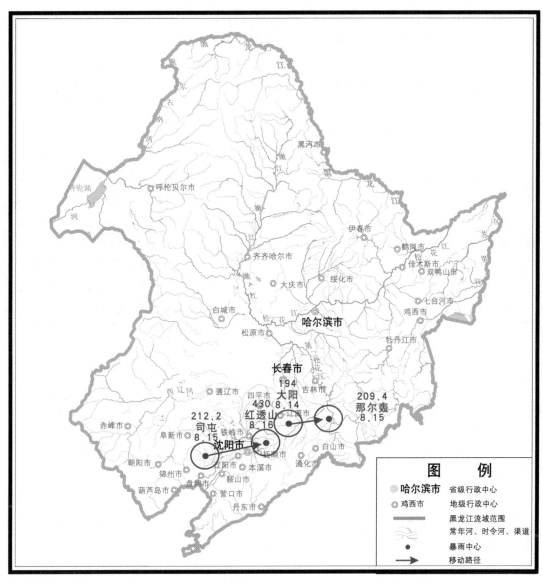

图 2-27　2013 年 8 月 14—16 日黑龙江流域第二松花江水系、
辽河流域降雨过程暴雨中心移动路径

累积雨量为 281.0mm。10d 降雨主要集中在 7 月 29 日、7 月 30 日、8 月 4 日，雨量分别为 40.6mm、168.4mm、34.4mm，这 3d 雨量占 10d 雨量的 86.6%，其中 7 月 30 日 1d 雨量占 10d 累积雨量的 59.9%，见表 2-9。

表 2-9　　2013 年 7 月 26 日至 8 月 4 日黑龙江流域暴雨中心站降雨量日程分配

河名	站名	项目	7月26日	7月27日	7月28日	7月29日	7月30日	7月31日	8月1日	8月2日	8月3日	8月4日	合计
松花江	卫东林场	降雨量/mm	9.8	3	4.6	40.6	168.4	0	0	14.2	6	34.4	281.0
		分配/%	3.5	1.1	1.6	14.4	59.9	0	0	5.1	2.1	12.2	100

（4）8月7—12日降雨过程的暴雨中心为松花江支流汤旺河北关站，6d累积雨量为213.0mm。6d降雨主要集中在9日、12日，雨量分别为68.2mm、105.8mm，这2d雨量占6d累积雨量的81.7%，其中8月12日1d雨量占6d累积雨量的49.7%，见表2-10。

表2-10　　　　　2013年8月7—12日黑龙江流域暴雨中心站降雨量日程分配

河名	站名	项目	7日	8日	9日	10日	11日	12日	合计
松花江	北关	降雨量/mm	2.4	0	68.2	36.6	0	105.8	213.0
		分配/%	1.1	0	32	17.2	0	49.7	100

（5）8月14—16日降雨过程的暴雨中心位于浑河上游红透山站，8月15—16日2d累积雨量为456.0mm，次中心位于第二松花江上游东北岔河那尔轰站，8月14—15日2d累积雨量为285.0mm。红透山站的3d降雨中，降雨主要集中在16日，日雨量为430.0mm，8月16日1d雨量占3d累积雨量的91.1%；那尔轰站的3d降雨中，降雨主要集中在15日，日雨量为209.4mm，8月15日1d雨量占3d累积雨量的68.7%。详见表2-11。

表2-11　　2013年8月14—16日第二松花江、辽河流域暴雨中心站降雨量日程分配

流域	站名	日期	14日	15日	16日	2d合计
第二松花江	那尔轰	降雨量/mm	75.6	209.4	19.8	14—15日 285.0
		分配/%	24.8	68.7	6.5	93.5
辽河	红透山	降雨量/mm	16.0	26.0	430.0	15—16日 456.0
		分配/%	3.4	5.5	91.1	96.6

由以上分析可知，黑龙江流域五场主要降雨过程的日程分配极不均匀，10d左右的降雨大部分都集中在3d左右的时间内，3d降雨量均占10d降雨的70%以上。

三、暴雨时空分布

以5场主要降雨过程，流域平均最大1d、最大3d降雨分析暴雨时空分布特征。

（1）6月26日至7月4日降雨过程，流域平均最大1d降雨为7月2日，最大3d降雨为7月1—3日。7月2日降雨主要分布在嫩江中下游、第二松花江、松花江干流上游和下游，黑龙江全流域降雨量大于25mm、50mm的笼罩面积分别为30.3万km²、5.4万km²，占黑龙江流域总面积的14.8%、2.6%；黑龙江流域内中国境内降雨量大于25mm、50mm的笼罩面积分别为30.3万km²、5.4万km²，占中国境内流域面积的33.6%、6.0%，暴雨中心为松花江支流格金河格金河林场站（137.4mm），见图2-28。7月1—3日降雨主要分布在黑龙江干流上中游右侧支流、嫩江中下游、第二松花江、松花江干流，黑龙江全流域降雨量大于50mm、100mm的笼罩面积分别为30.8万km²、2.6万km²，占黑龙江流域总面积的15.0%、1.3%；黑龙江流域内中国境内降雨量大于50mm、100mm的笼罩面积分别为30.8万km²、2.6万km²，占中国境内流域面积的34.1%、2.9%，暴雨中心为松花江支流格金河格金河林场站（149.6mm），见图2-29。

（2）7月15—25日的降雨过程，为汛期覆盖范围最广的一场降雨过程，黑龙江流域平均最大1d降雨为7月15日，最大3d降雨为7月15—17日。7月15日降雨主要分布在

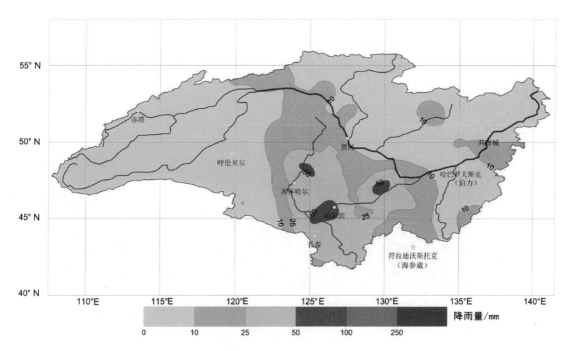

图 2-28 2013 年 7 月 2 日黑龙江流域降雨量等值线

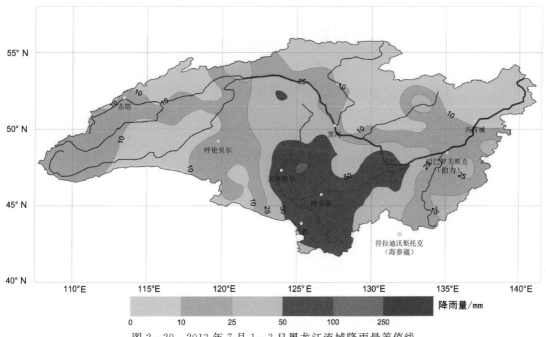

图 2-29 2013 年 7 月 1—3 日黑龙江流域降雨量等值线

额尔古纳河上游、嫩江中下游及右侧支流，黑龙江全流域降雨量大于 25mm、50mm 的笼罩面积分别为 46.0 万 km²、6.9 万 km²，占黑龙江流域总面积的 22.4%、3.4%；黑龙江流域内中国境内降雨量大于 25mm、50mm 的笼罩面积分别为 34.1 万 km²、5.1 万 km²，占中国境内流域面积的 37.8%、5.6%，暴雨中心为嫩江支流雅鲁河李三店站

（86.2mm），见图 2-30。7 月 15—17 日降雨主要分布在石勒喀河中游、额尔古纳河上游、黑龙江干流上游、嫩江、第二松花江上游，乌苏里江中游、结雅河中游，黑龙江全流域降雨量大于 50mm 的笼罩面积为 27.9 万 km²，占黑龙江流域总面积的 13.6%；黑龙江流域内中国境内降雨量大于 50mm 的笼罩面积为 15.5 万 km²，占中国境内流域面积的17.2%，暴雨中心为嫩江支流诺敏河古城子站（103.4mm），见图 2-31。

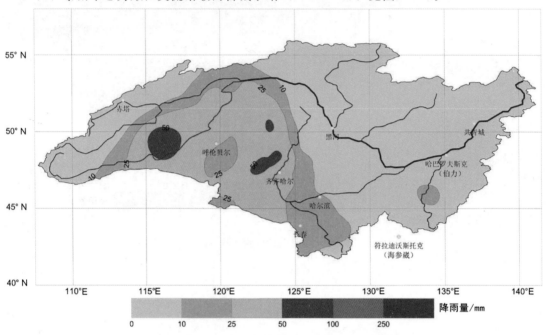

图 2-30 2013 年 7 月 15 日黑龙江流域降雨量等值线

（3）7 月 26 日至 8 月 4 日的降雨过程，最大 1d 降雨为 7 月 27 日，最大 3d 降雨为 7 月 27—29 日。7 月 27 日降雨主要分布在额尔古纳河支流海拉尔河、嫩江右侧支流，黑龙江全流域降雨量大于 25mm、50mm 的笼罩面积分别为 18.6 万 km²、0.3 万 km²，占黑龙江流域总面积的 9.1%、0.1%；黑龙江流域内中国境内降雨量大于 25mm、50mm 的笼罩面积分别为 18.6 万 km²、0.3 万 km²，占中国境内流域面积的 20.6%、0.3%，暴雨中心为额尔古纳河支流海拉尔河坝后站（86.0mm），见图 2-32。7 月 27—29 日降雨主要分布在黑龙江干流上游、嫩江上中游及右侧支流、结雅河上中游，黑龙江全流域降雨量大于 50mm 的笼罩面积为 19.7 万 km²，占黑龙江流域总面积的 9.6%；黑龙江流域内中国境内降雨量大于 50mm 的笼罩面积为 7.9 万 km²，占中国境内流域面积的 8.8%，暴雨中心为嫩江支流诺敏河古城子站（137.2mm），见图 2-33。

（4）8 月 7—12 日的降雨过程，最大 1d 降雨为 8 月 12 日，最大 3d 降雨为 8 月 10—12 日。8 月 12 日降雨主要分布在嫩江中游、松花江支流呼兰河上游、汤旺河上中游，黑龙江全流域降雨量大于 25mm、50mm 的笼罩面积分别为 15.7 万 km²、3.7 万 km²，占黑龙江流域总面积的 7.7%、1.8%；黑龙江流域内中国境内降雨量大于 25mm、50mm 的笼罩面积分别为 12.8 万 km²、3.7 万 km²，占中国境内流域面积的 14.2%、4.1%，暴雨中心为松花江支流呼兰河边井村站（170.5mm），见图 2-34。8 月 10—12 日降雨主要分布

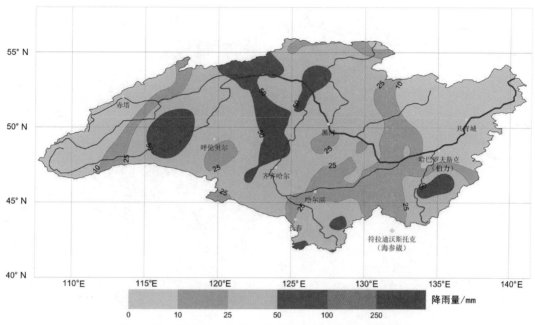

图 2-31 2013 年 7 月 15—17 日黑龙江流域降雨量等值线

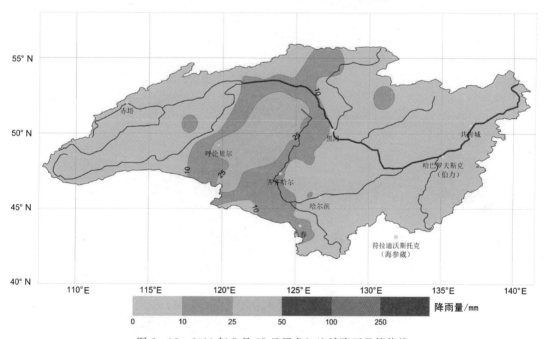

图 2-32 2013 年 7 月 27 日黑龙江流域降雨量等值线

在黑龙江干流上游、松花江支流呼兰河、汤旺河、结雅河下游、乌苏里江右侧支流，黑龙江全流域降雨量大于 50mm、100mm 的笼罩面积分别为 11.4 万 km²、0.5 万 km²，占黑龙江流域总面积的 5.6%、0.2%；黑龙江流域内中国境内降雨量大于 50mm、100mm 的笼罩面积分别为 6.0 万 km²、0.5 万 km²，占中国境内流域面积的 6.6%、0.5%，暴雨中心为松花江支流呼兰河边井村站（175.7mm），见图 2-35。

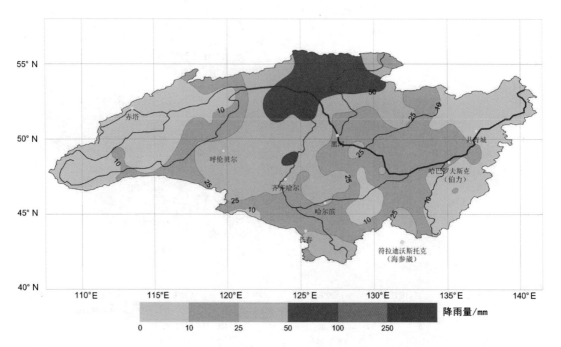

图 2 - 33　2013 年 7 月 27—29 日黑龙江流域降雨量等值线

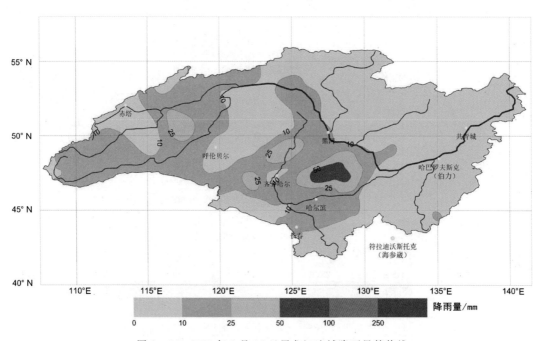

图 2 - 34　2013 年 8 月 12 日黑龙江流域降雨量等值线

（5）8 月 14—16 日降雨过程，流域平均最大 1d 降雨为 8 月 16 日，最大 3d 降雨为 8 月 14—16 日。8 月 16 日降雨主要分布在第二松花江上游、东辽河、辽河干流及左侧支流、浑河、太子河等地，降雨量大于 25mm、50mm、100mm 的笼罩面积分别为 14.7 万 km²、7.7 万 km²、2.9 万 km²，占第二松花江水系与辽河流域总面积的 37.8%、19.8%、7.5%，暴雨中心为浑河

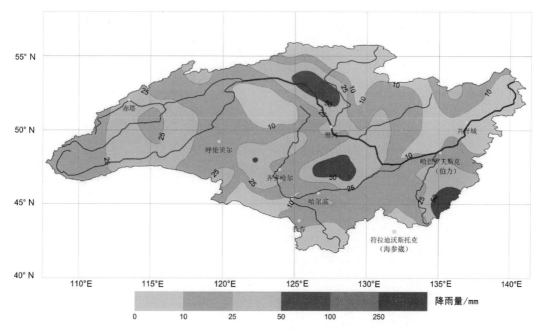

图 2 - 35 2013 年 8 月 10—12 日黑龙江流域降雨量等值线

上游红透山站（430.0mm），见图 2 - 36。8 月 14—16 日降雨主要分布在第二松花江上中游、东辽河、辽河干流及左侧支流、浑河、太子河，降雨量大于 50mm、100mm 的笼罩面积分别为 14.5 万 km²、8.1 万 km²，占第二松花江水系与辽河流域总面积的 37.2％、20.9％，暴雨中心为浑河上游红透山站，8 月 15—16 日 2d 累积雨量高达 456.0mm；次中心为第二松花江上游东北岔河那尔轰站，8 月 14—15 日 2d 累积雨量 285.0mm。

2013 年 5—9 月黑龙江流域 5 场主要降雨过程最大 1d、最大 3d 降雨笼罩面积见表 2 -12。

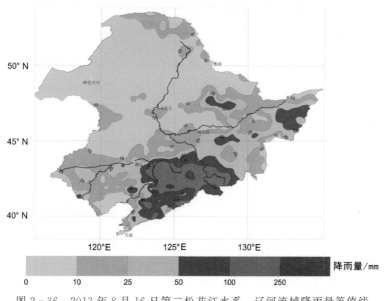

图 2 - 36 2013 年 8 月 16 日第二松花江水系、辽河流域降雨量等值线

表 2 - 12　　2013 年 5—9 月黑龙江流域 5 场主要降雨过程最大 1d、最大 3d 降雨笼罩面积

降雨场次	起止日期	降雨日期	中国境内 >10mm 面积/万km²	>10mm 占总面积/%	>25mm 面积/万km²	>25mm 占总面积/%	>50mm 面积/万km²	>50mm 占总面积/%	>100mm 面积/万km²	>100mm 占总面积/%	全流域 >10mm 面积/万km²	>10mm 占总面积/%	>25mm 面积/万km²	>25mm 占总面积/%	>50mm 面积/万km²	>50mm 占总面积/%	>100mm 面积/万km²	>100mm 占总面积/%
1	6月26日至7月4日	7月2日	59.7	66.1	30.3	33.6	5.4	6.0			72.5	35.4	30.3	14.8	5.4	2.6	0.1	0.0
		7月1—3日	81.1	89.8	60.3	66.9	30.8	34.1	2.6	2.9	138.0	67.3	68.5	33.4	30.8	15.0	2.6	1.3
2	7月15—25日	7月15日	55.5	61.5	34.1	37.8	5.1	5.6			76.0	37.1	46.0	22.4	6.9	3.4		
		7月15—17日	88.0	97.5	66.3	73.4	15.5	17.2			154.5	75.4	115.8	56.5	27.9	13.6		
3	7月26日至8月4日	7月27日	43.5	48.2	18.6	20.6	0.3	0.3			51.3	25.0	18.6	9.1	0.3	0.1		
		7月27—29日	78.6	87.1	46.5	51.5	7.9	8.8			135.4	66.1	71.3	34.8	19.7	9.6	0.7	0.3
4	8月7—12日	8月12日	43.3	47.9	12.8	14.2	3.7	4.1	0.4	0.4	77.3	37.7	15.7	7.7	3.7	1.8	0.4	0.2
		8月10—12日	67.3	74.6	25.8	28.6	6.0	6.6	0.5	0.5	152.1	74.2	64.8	31.6	11.4	5.6	0.5	0.2
5	8月14—16日	8月6日	19.6	50.4	14.7	37.8	7.7	19.8	2.9	7.5								
		8月14—16日	31.8	82.0	21.7	55.9	14.5	37.2	8.1	20.9								

注　第 5 场降雨计算时，总面积为第二松花江水系与辽河流域面积之和。

第四节 暴 雨 成 因

一、汛期大气环流形势

黑龙江流域大范围、高强度的降雨是在特定的天气系统配置下造成的。2013年夏季大气环流形势异常，极涡、西风带、副热带系统的特征都与常年有明显差异。夏季500hPa北半球极涡呈单极型分布，极涡主体位于北极圈内，势力偏强。环绕极涡中心，中高纬度经向环流发展明显，欧亚地区两脊一槽环流形势持续稳定，阻塞高压长期存在，西太平洋副热带高压势力偏弱。在这些异常因素的共同影响下，黑龙江流域降雨异常偏多。2013年暴雨洪水的大气环流形势特征如下。

（一）欧亚环流呈径向发展

2013年夏季北半球极涡呈单极型分布，强度偏强，极涡中心常维持低于－40gpm的负距平中心，6月极区附近负距平中心值低于－160gpm。在新地岛以南至贝加尔湖附近常为大范围的负距平区，7月在巴尔喀什湖以北和贝加尔湖以北分别有低于－40gpm的负距平中心，而在鄂霍茨克海以东常为大片高于40gpm的正距平区，7月北太平洋北部地区上空正距平中心值超过80gpm。中高纬度环流呈4波形分布，经向环流持续偏强，在乌拉尔山地区和鄂霍茨克海附近经常存在着高压脊或阻塞高压，在两个高压脊之间为宽广的低压槽或深厚的低压区。乌拉尔山高压脊或阻塞高压的建立对整个下游形势的稳定起着十分重要的作用，来自极地的冷空气沿乌拉尔山高压脊的脊前西北气流不断东移南下，源源不断地补充到低压槽中，使低压槽发展加深，而黑龙江流域正处于低压槽前的锋区附近，频繁受到西风槽影响而产生连阴雨天气过程。

（二）中高纬阻塞持续存在

在乌拉尔山高压脊建立的同时，在鄂霍茨克海附近往往也有高压脊或阻塞高压同时存在，使得亚洲地区经向度加大，当来自贝加尔湖低槽区的冷空气东移进入黑龙江流域时，受前部高压的阻挡加深或切断形成东北冷涡，并且低压系统停滞少动，产生持续连阴雨天气。由于鄂霍茨克海阻塞形势建立后，常常比较稳定持久，持续5~7d，甚至长达10d以上。而受到阻塞高压的阻挡，冷涡系统在流域上空维持长达3~4d或更长时间，形成了黑龙江流域长时间的连阴雨天气或局地强降雨天气过程。

（三）副热带高压异常偏弱

2013年夏季副热带高压势力始终偏弱，6—9月副热带高压强度指数和面积指数均较常年明显偏小，其中7月副高面积指数较常年偏小59%，6月、7月副高强度指数分别较常年偏小60%和72%。由于副热带高压持续偏弱，欧亚中高纬度经向环流长时间维持，没有调整到盛夏时的正常状态，与黑龙江流域春末夏初时节发生冷涡雨季的环流形势十分类似，因此雨区始终徘徊于黑龙江流域上空。详见图2-37和图2-38。

二、汛期主要降雨过程成因分析

（一）6月26日至7月4日降雨过程

本场降雨，是由6月26—30日高空槽、切变线、蒙古气旋影响，7月1—4日高空槽、

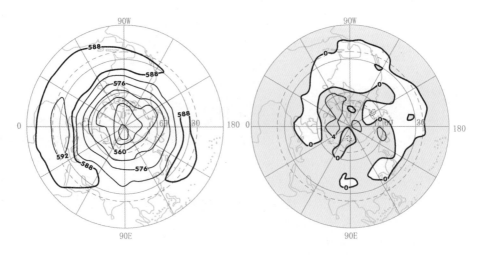

图 2-37　2013 年 6—8 月北半球 500hPa 季平均位势高度（左）及距平（右）（10gpm）

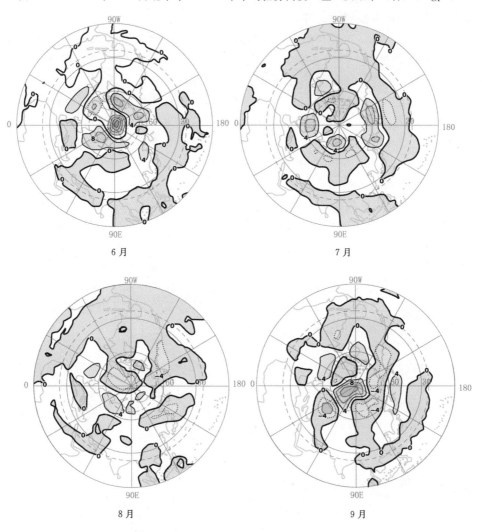

6 月

7 月

8 月

9 月

图 2-38　2013 年 6—9 月北半球 500hPa 月平均位势高度距平（10gpm）

华北气旋与蒙古气旋共同影响下，两次连续的降雨过程组成的。

自6月24日起，位于鄂霍茨克海附近的高压脊明显加强，在6月26日8时500hPa高空形势图上，欧亚中高纬度经向环流明显，形成"两脊一槽"型，主要槽区位于巴尔喀什湖与贝加尔湖之间，两个高压脊分别位于乌拉尔山附近及鄂霍茨克海地区。由于中高纬度环流形势相对较为稳定，贝加尔湖槽区中不断有冷空气向东移动，在东移过程中受到鄂霍茨克海阻塞高压的影响，系统移动缓慢，在黑龙江流域产生连续降雨。6月30日鄂霍茨克海高压脊有所减弱，系统随之东移。7月1日，鄂霍茨克海高压脊再次加强，中高纬度又形成"两脊一槽"型，直至7月4日环流形势发生调整，副热带高压开始减弱，副高主体偏东，随着鄂霍茨克海高压脊的减弱，低压系统东移，降雨过程结束。

在这两场降雨过程中，鄂霍茨克海阻塞高压的稳定以及西风带低压系统的频繁东移对流域降雨影响明显。6月26日20时500hPa高空形势图上，流域西部有高空槽移入，其低压槽线从海拉尔附近经通辽直至辽东半岛，地面上位于海拉尔附近的蒙古气旋缓慢东移，降雨主要位于嫩江下游、二松中下游一带。紧接着6月29日8时在700hPa高空形势图上，有一横切变位于嫩江下游至松花江上游地区，降雨主要位于嫩江下游、二松下游、松花江干流上中游等地。6月30日20时后，随着鄂霍茨克海高压脊的减弱，低值系统逐渐东移，流域降雨暂时停止。详见图2-39和图2-40。

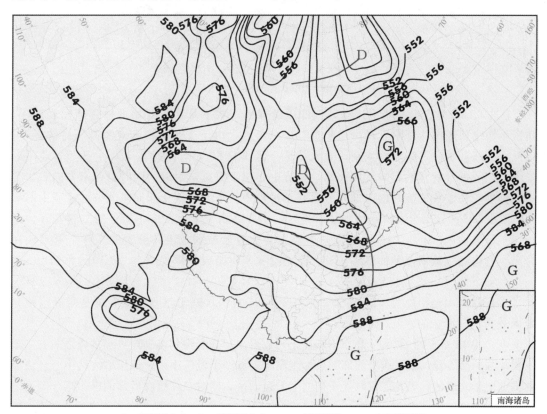

G—高气压中心；D—低气压中心；——低压槽线；——气压等值线

图2-39 2013年6月27日8时500hPa高空形势

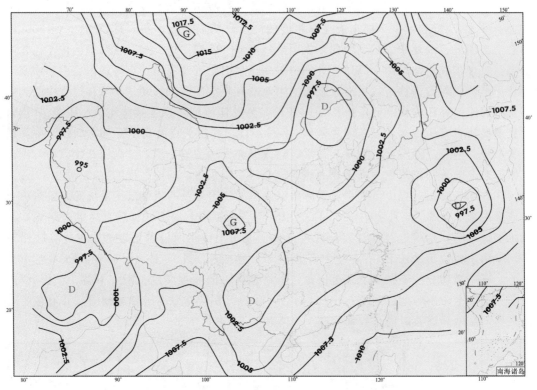

G—高气压中心；D—低气压中心；——气压等值线

图 2-40　2013 年 6 月 26 日 8 时地面形势

　　7 月 1 日 8 时，海拉尔附近有另一低压槽移入，从 7 月 2 日开始低槽逐渐发展加深，其低压槽线从加格达奇附近经海拉尔直至山东半岛，由于受到鄂霍茨克海高压脊的影响，该低压槽移动缓慢，在流域上空一直维持至 7 月 4 日 20 时。同时在 7 月 1 日 8 时地面形势图上，蒙古气旋开始影响流域西部，气旋中心位于海拉尔附近，同时自西南方向有华北气旋移来，在蒙古气旋缓慢向偏东方向移动过程中，华北气旋快速向东北方的流域中部移来，7 月 2 日两气旋合并影响流域中部地区，主要降雨位于嫩江中下游、第二松花江、松花江干流等地区。7 月 4 日 20 时副热带高压势力开始减弱，主体分裂并东移，鄂霍茨克海高压脊也随之减弱，地面气旋东移，降雨过程基本结束。详见图 2-41 和图 2-42。

　　（二）7 月 15—25 日降雨过程

　　本场降雨，是由 7 月 15—16 日、7 月 18—25 日两次降雨过程组成，均是受高空槽和地面蒙古气旋影响的。

　　在 7 月 15 日 8 时 500hPa 高空形势图上可以看出，在泰梅尔半岛至贝加尔湖之间有一个发展加强的高压脊，在高压脊前部的贝加尔湖附近有一个低压中心，低压槽线从中心经流域西部伸向华北地区，黑龙江流域处于槽前上升运动区，同时在高压脊后部的巴尔喀什湖西北方还有一个冷性低压中心。7 月 17 日高压脊已经发展成为强大的阻塞高压，并且维持达 10d 之久，一直持续至 7 月 25 日 8 时高压脊开始减弱。中高纬度地区这种持续稳定的"两槽一脊"环流型，有利于北方冷空气东移南下影响黑龙江流域，产生连阴雨天气过程。副热

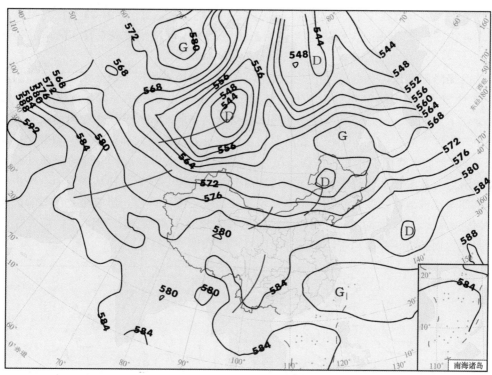

G—高气压中心；D—低气压中心；——低压槽线；——气压等值线

图 2-41　2013 年 7 月 1 日 8 时 500hPa 高空形势

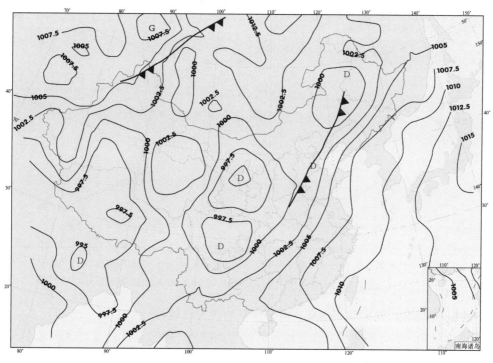

G—高气压中心；D—低气压中心；▲▲—冷锋；——气压等值线

图 2-42　2013 年 7 月 1 日 8 时地面形势

带高压势力较强，脊线位于 30°N 附近，但副高主体略偏东，直至 7 月 25 日副热带高压略有减弱并南压至 25°N 附近，泰梅尔半岛附近的阻塞高压也开始减弱东移，降雨过程基本结束。

　　这两场降雨过程，是由持续稳定的阻塞高压配合西风带低压系统连续影响造成的。在 7 月 15 日 20 时 700hPa 高空形势图上，海拉尔附近有一个低压中心，从低压中心有横槽伸向嫩江下游地区，同时经低压中心的另一低槽伸向华北北部。低压中心向偏东方向移动过程中，强度先减弱后再次加强，并自西向东影响黑龙江流域大部地区产生降雨。在 7 月 15 日 20 时地面形势图上，在蒙古国东部有一发展完好的蒙古气旋，气旋的顶部已经移至海拉尔附近，其暖锋从气旋中心伸向嫩江中游到松干北岸一线，冷锋从气旋中心经山东半岛一直伸至江淮地区，黑龙江流域中西部位于锋面气旋降雨区内，影响黑龙江上游、额尔古纳河、嫩江、第二松花江、松花江干流上游等地出现大到暴雨。7 月 16 日随着气旋快速向东北方向移出，降雨趋于结束。详见图 2-43 和图 2-44。

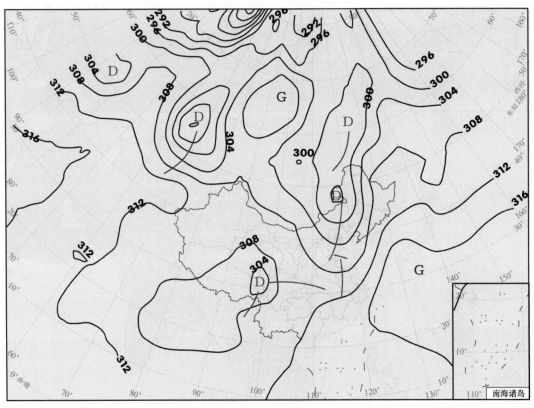

G—高气压中心；D—低气压中心；——低压槽线；——气压等值线

图 2-43　2013 年 7 月 15 日 20 时 700hPa 高空形势

　　7 月 18—25 日，先后有 3 个高空槽东移影响黑龙江流域。7 月 18—20 日，第一个高空槽自贝加尔湖东北方移入黑龙江流域，其低压槽线从中心经嫩江一直伸向华北地区，由于受到前方鄂霍茨克海附近弱高压脊的阻挡，低槽北部移动快，南部移动慢，至 7 月 21 日 20 时后逐渐东移减弱。随后 7 月 23 日 8 时，第二个高空槽自贝加尔湖东南方移动至额

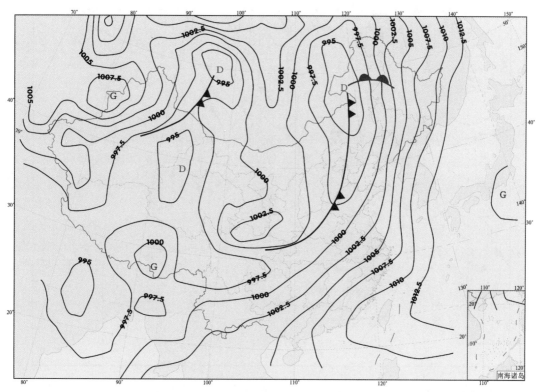

G—高气压中心；D—低气压中心；▲▲—冷锋；●●—暖锋；——气压等值线

图 2-44　2013 年 7 月 15 日 20 时地面形势

尔古纳河和嫩江流域北部，槽线从低压中心经嫩江上游伸向松花江干流北岸一线，同时第三个高空槽自渤海湾附近向东北方向移入流域南部，7 月 24 日南北两槽合并，强度有所加强，低压中心位于松花江干流地区，7 月 25 日东移至松花江干流下游地区，雨区也自西向东扩展至流域大部地区。在地面形势图上，7 月 18—21 日在贝加尔湖以东地区有蒙古气旋移入流域西部，并自西向东产生大片雨区，7 月 22 日开始在贝加尔湖东南方另一蒙古气旋移入，直至 7 月 25 日 20 时减弱东移。由于受到高空槽、蒙古气旋的连续影响，雨区主要位于额尔古纳河、黑龙江干流、嫩江、第二松花江、松花江干流等地，出现大到暴雨天气过程。详见图 2-45 和图 2-46。

（三）7 月 26 日至 8 月 4 日降雨过程

本场降雨，是由 7 月 26—30 日高空槽、切变线、冷锋影响，8 月 1—4 日切变线和蒙古气旋影响下，两次连续的降雨过程组成的。

从 7 月 26 日 8 时开始，位于鄂霍茨克海西部的高压脊强势发展，向西北方向伸至泰梅尔半岛附近，在乌拉尔山以南至贝加尔湖地区是宽广的低压槽区，其间有多个低压系统向东移动，频繁影响流域中西部地区产生降雨天气，这种形势维持了长达 5d 之久。7 月 31 日随着副热带高压减弱南压，鄂霍茨克海高压脊势力有所减弱。8 月 1 日开始鄂霍茨克海高压脊向北发展，8 月 3 日以后鄂霍茨克海高压脊逐渐减弱，同时位于贝加尔湖西北方向的高压脊强势发展并形成阻塞高压。持续稳定的鄂霍茨克海高压和贝加尔湖高压，一方

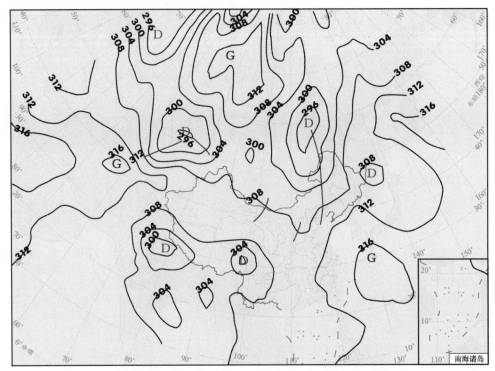

G—高气压中心；D—低气压中心；——低压槽线；——气压等值线

图 2-45 2013 年 7 月 18 日 20 时 700hPa 高空形势

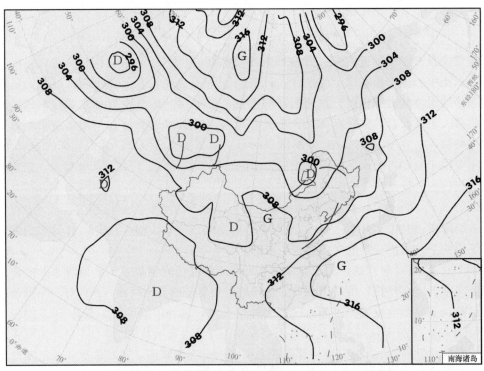

G—高气压中心；D—低气压中心；——低压槽线；——气压等值线

图 2-46 2013 年 7 月 23 日 8 时 700hPa 高空形势

面有利于北方冷空气东移南下，同时也使得降雨系统移动缓慢，降雨持续时间相对较长，直至8月5日高压脊减弱东移，天气过程随之结束。

7月26—30日的降雨过程，天气系统首先在低空生成，之后分别向高低空发展并加强。在7月26日20时850hPa高空形势图上，从乌拉尔山以东至贝加尔湖地区是宽广的低压槽区，在低槽区内分别有两个低压中心，其中位于东部贝加尔湖附近的低压槽线从中心经满洲里伸向华北西部。7月27日8时，低空出现切变线，沿海拉尔附近一直伸向佳木斯西部，由于辐合加强以及南下冷空气不断补充，低压势力逐渐南压并东移发展，雨区随之向东向南扩展。在7月27日8时地面形势图上，海拉尔附近两个低压中心形成了南北相连的气旋波，地面冷锋通过低压中心经华北一直伸至江淮地区，由此可见冷空气的势力比较强大。在这种高低空系统的配置下，降雨主要产生在额尔古纳河、黑龙江干流上中游及嫩江、松花江北侧支流等地。详见图2-47和图2-48。

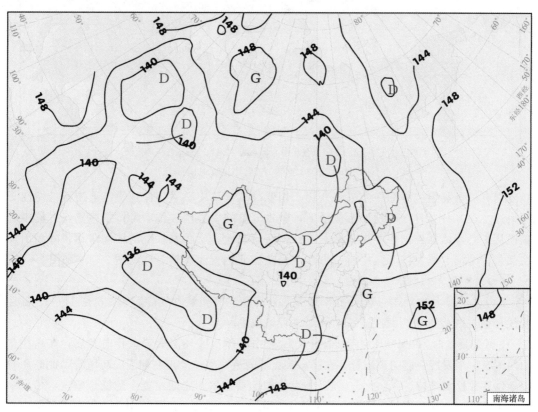

G—高气压中心；D—低气压中心；——低压槽线；——气压等值线

图2-47　2013年7月26日20时850hPa高空形势

在8月1日500hPa高空形势图上，鄂霍茨克海高压脊发展加强，其后部贝加尔湖以北和蒙古国东部存在两个低压中心，其中蒙古国东部低压中有两个高空槽，低压槽线经中心分别伸至嫩江上游和华北地区。8月2日开始，鄂霍茨克海高压脊快速发展，与副高组成了南北向的高压坝，阻挡了其后部低压系统的东移，低压系统在流域上空维持达4d左右。在850hPa高空形势图上，位于蒙古国东部的低压势力较强，经低压中

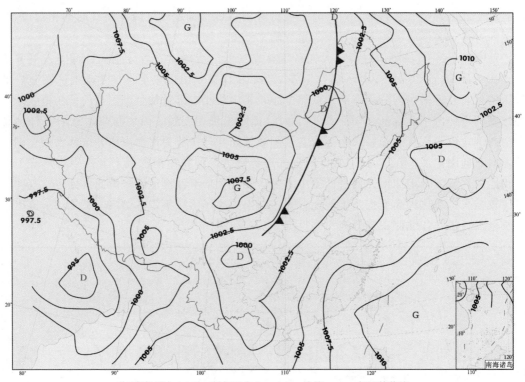

G—高气压中心；D—低气压中心；▲▲—冷锋；——气压等值线

图 2-48　2013 年 7 月 27 日 8 时地面形势

心分别有一条高空槽线和一条横切变线，切变线从低压中心一直伸达嫩江下游至松花江干流附近。在 8 月 2 日 8 时地面形势图上，蒙古气旋的中心已经位于海拉尔西侧，气旋中的暖锋从中心经嫩江伸向松花江地区，冷锋伸至华北地区。随着系统的缓慢东移，降雨出现在额尔古纳河、黑龙江干流中游、嫩江、松花江北侧支流等地。详见图 2-49 和图 2-50。

（四）8 月 7—12 日降雨过程

8 月 7—12 日的降雨过程，由 8 月 7—10 日高空槽和蒙古气旋影响，8 月 11—12 日切变线和蒙古气旋影响，两次连续的降雨过程组成的。

8 月 7 日 8 时 500hPa 高空形势图上，欧亚中高纬地区环流形势呈径向发展，在乌拉尔山西侧有一个发展强盛的高压脊，在鄂霍茨克海附近有另一个正在加强的高压脊，此高压脊逐渐发展并稳定维持了 4d 之久。在巴尔克什湖至贝加尔湖之间是宽广的低压槽区，槽区中有三个低压中心活动，其中东部低压的中心位于蒙古国东部，经低压中心分别向东和向南有两个高空槽，其中一个横槽从低压中心经海拉尔伸至嫩江流域中部地区，另一高空槽从低压中心经黑龙江流域西部一直伸向华北地区。在 700hPa 高空形势图上，该低压中心已经位于额尔古纳河中下游地区，嫩江、松花江干流均处于低压槽前上升气流区。在 8 月 8 日 8 时地面形势图上，流域西部海拉尔附近有蒙古气旋生成并向东移动，由于鄂霍茨克海高压脊强烈发展，使得蒙古气旋东移受阻，加之东移南下冷空气的不断补充，低压系统在流域内移动缓慢并得以加强。降雨区位于额尔古纳河、黑龙江上中游、嫩江、第二松花江、松花江干流等大片地区。随着低压系统逐渐移出，降雨结束。详见图 2-51 和图 2-52。

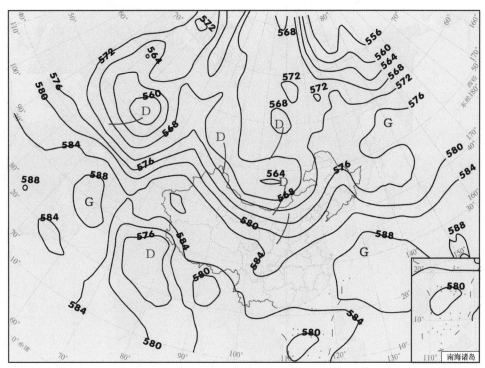

G—高气压中心；D—低气压中心；——低压槽线；——气压等值线

图 2-49　2013 年 8 月 1 日 8 时 500hPa 高空形势

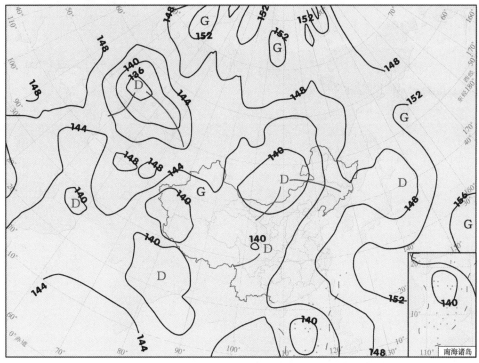

G—高气压中心；D—低气压中心；——低压槽线；——气压等值线

图 2-50　2013 年 8 月 1 日 20 时 850hPa 高空形势

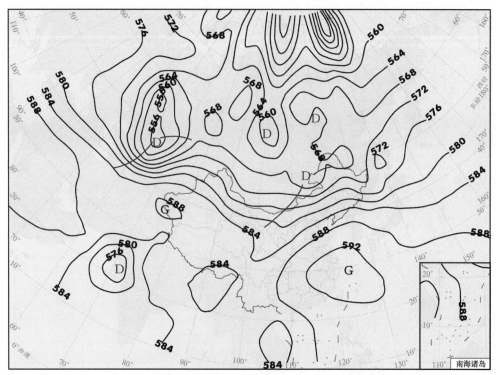

G—高气压中心；D—低气压中心；——低压槽线；——气压等值线

图 2-51　2013 年 8 月 7 日 8 时 500hPa 高空形势

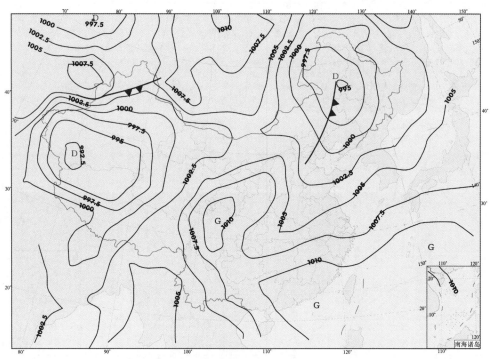

G—高气压中心；D—低气压中心；▲▲—冷锋；——气压等值线

图 2-52　2013 年 8 月 8 月 8 时地面形势

随之环流形势有所调整，乌拉尔山高压脊略有减弱，但鄂霍茨克海高压脊仍强势维持。从8月11日开始，在蒙古国东部有一个低压生成，在8月12日8时850hPa高空形势图上，在低压中心内有两条高空槽线，经低压中心向东的横切变线经嫩江一直伸向松花江干流一线，向南的槽线经低压中心伸向华北北部，表明冷空气势力较强。在8月12日8时地面形势图上，在海拉尔附近有一蒙古气旋，其气旋暖锋经中心伸向嫩江至松花江北岸一带，冷锋经气旋中心伸向华北北部。正是在高空切变与地面蒙古气旋的共同影响下，引发了额尔古纳河、嫩江、松花江干流等地的降雨过程，其中嫩江上游出现了局地、短历时、高强度的降雨，从而导致了嫩江上游尼尔基水库出现最大入库洪水过程。详见图2-53和图2-54。

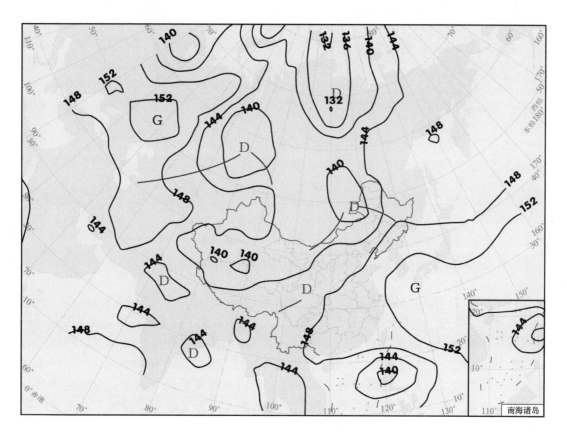

G—高气压中心；D—低气压中心；——低压槽线；——气压等值线

图 2-53　2013 年 8 月 12 日 8 时 850hPa 高空形势

（五）8 月 14—16 日降雨过程

本次降雨过程，是由副热带高压、切变线与华北气旋共同影响下的一场短时强降雨过程。

8 月 13 日开始，贝加尔湖西北方的高压脊开始发展，在加格达奇附近有一个低压中心，其低压槽线从中心经嫩江、第二松花江，一直伸向辽河流域。在 8 月 14 日 8 时

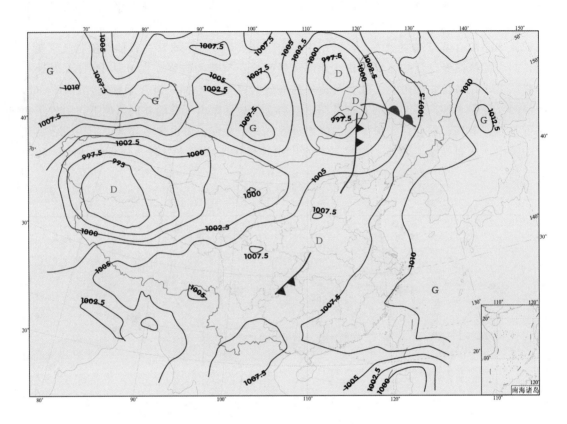

G—高气压中心；D—低气压中心；▲▲—冷锋；●●—暖锋；——气压等值线

图 2-54　2013 年 8 月 12 日 8 时地面形势

500hPa 高空形势图上，副热带高压加强西伸北抬，副高脊线位于北纬 32°附近，588 线西伸达东经 115°以西，副高北界已接近北纬 38°，副高中心位于日本岛南端。由于受到北方较强低压系统和南方副热带高压的共同影响下，中纬度附近锋区不断加强。对应 8 月 14 日 8 时 700hPa 高空形势图上，在第二松花江经辽河流域一直伸向华北北部有一条东西向的低空切变线。由于副高后部强烈不稳定区以及南来暖湿气流与低空切变线的共同影响，在第二松花江上中游、东辽河、辽河上游及左侧支流等地发生了高强度的降雨过程。在 8 月 15 日 8 时地面形势图上，位于华北北部的低压中心开始发展并加强为锋面气旋，并且逐渐向东北方向移动，随着华北气旋移入东北地区西部，在气旋的暖锋附近也开始出现较强降雨，而副高后部切变系统产生的降雨区较前一天略有东移，因此 8 月 15 日的降雨区主要是集中在第二松花江上中游、东辽河下游以及辽河下游右侧支流等地。8 月 16 日随着地面华北气旋继续东移与副高不稳定区域产生叠加，冷暖空气产生激烈交绥，再一次引发了更加强烈的降雨过程，降雨区主要集中在辽河干流及左侧支流、浑河太子河、第二松花江上游、东辽河及鸭绿江中游等地。详见图 2-55～图 2-57。

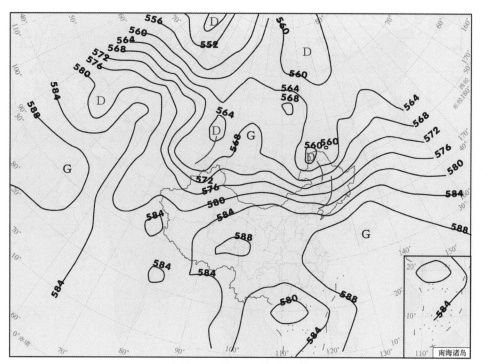

G—高气压中心；D—低气压中心；——低压槽线；——气压等值线

图 2-55　2013 年 8 月 14 日 8 时 500hPa 高空形势

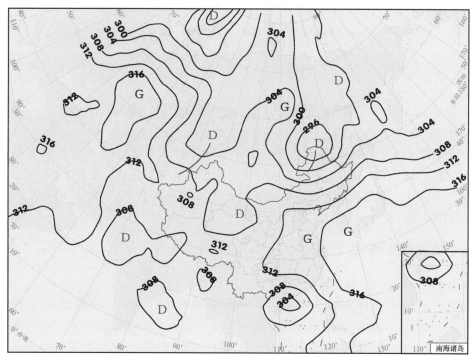

G—高气压中心；D—低气压中心；——低压槽线；——气压等值线

图 2-56　2013 年 8 月 14 日 8 时 700hPa 高空形势

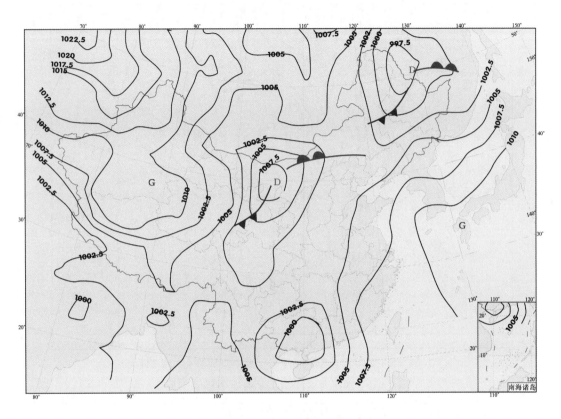

G—高气压中心；D—低气压中心；▲▲—冷锋；●●—暖锋；——气压等值线

图 2-57 2013 年 8 月 15 日 8 时地面形势

第五节 与历史暴雨比较

2013 年黑龙江流域的暴雨，与历史上 1958 年、1984 年、1998 年发生的暴雨相似，都属于流域性暴雨。2013 年黑龙江流域的暴雨，无论从降雨量级、笼罩面积上，均大于 1958 年、1984 年，但嫩江水系的降雨量级小于 1998 年而大于 1958 年和 1984 年。以下从天气成因和降雨时空分布上分别予以比较。

一、历史暴雨概述

1. 1958 年暴雨

1958 年 6—9 月的降雨区主要位于黑龙江流域北部和中部，降雨量大于 300mm、400mm、500mm、600mm 的笼罩面积分别为 176.7 万 km²、81.2 万 km²、12.0 万 km²、0.8 万 km²，占流域总面积的 96.2%、39.6%、5.9%、0.4%。降雨量超过 400mm 的区域主要集中在额尔古纳河下游中俄两侧、黑龙江干流上中游中俄两侧、嫩江上游及右侧支流、第二松花江上中游、松花江干流北侧支流，以及石勒喀河下游、结雅河上游、布列亚河等地，降雨量超过 500mm 的高值区位于额尔古纳河下游局部、黑龙江干流上游局部，以及布列亚河上中游等地，降雨量较多年同期偏多 50％以上的区域位于石勒喀河下游、额尔古纳河上游和下游中俄两侧、结雅河上游及布列亚河上游等地。流域内中国侧降雨量大于 300mm、400mm、500mm、600mm 的笼罩面积分别为 70.1 万 km²、35.3 万 km²、3.5 万 km²、0.2 万 km²，占中国侧流域面积的 77.7％、39.1％、3.9％、0.2％。1958 年 6—9 月黑龙江流域降雨量等值线见附图 2-58。

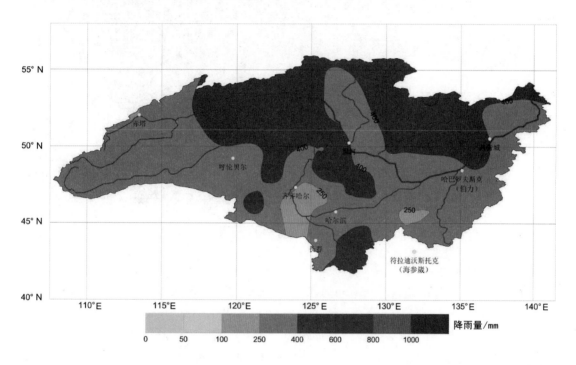

图 2-58　1958 年 6—9 月黑龙江流域降雨量等值线

2. 1984 年暴雨

1984 年 6—9 月的降雨区主要位于黑龙江流域东部和中部，降雨量大于 300mm、400mm、500mm、600mm 的笼罩面积分别为 200.0 万 km²、123.8 万 km²、52.5 万 km²、15.5 万 km²，占流域总面积的 97.6％、60.4％、25.6％、7.5％。降雨量超过 500mm 的区域主要集中在额尔古纳河下游中俄两侧、黑龙江干流中游中俄两侧、乌苏里江上游及下游中俄两侧、嫩江上游及下游、第二松花江上中游、松花江干流中游，以及布列亚河上中游、黑龙江干流下游等地，降雨量超过 600mm 的高值区位于布列亚河上游、乌苏里江下游（俄方侧）、黑龙江干流下游等地，降雨量较多年同期偏多 50％以上的区域位于石勒喀河下游、额尔古纳河中俄两侧、嫩江上游局部、乌苏里江上游俄罗斯侧等地，其中额尔古纳河上游俄罗斯侧偏多 100％以上。流域内中国侧降雨量大于 300mm、400mm、500mm、600mm 的笼罩面积分别为 87.6 万 km²、63.0 万 km²、25.5 万 km²、3.9 万 km²，占中国侧流域面积的 97.0％、69.8％、28.3％、4.3％。1984 年 6—9 月黑龙江流域降雨量等值线见图 2-59。

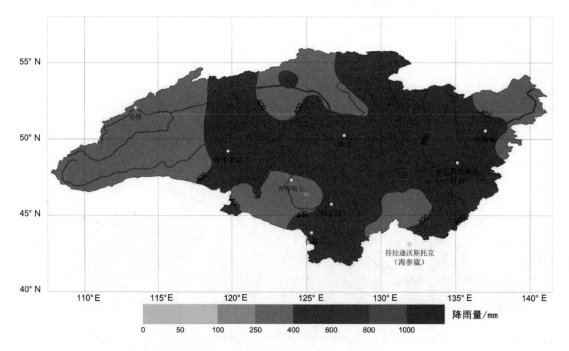

图 2-59　1984 年 6—9 月黑龙江流域降雨量等值线

3．1998 年暴雨

1998 年 6—9 月降雨区主要位于黑龙江流域中部和南部的中国一侧，降雨量大于 300mm、400mm、500mm、600mm 的笼罩面积分别为 155.1 万 km²、105.5 万 km²、43.3 万 km²、16.5 万 km²，占流域总面积的 75.7％、51.5％、21.1％、8.1％。降雨量超过 500mm 的区域主要集中在额尔古纳河中游中俄两侧、嫩江、第二松花江、松花江干流中下游、乌苏里江中游（俄方侧）等地，降雨量超过 600mm 的高值区集中于嫩江上中游及右侧支流、第二松花江上游等地，其中嫩江右侧局部高达 800mm 以上，降雨量较多年同期偏多 50％以上的区域位于石勒喀河上中游、额尔古纳河上中游中俄两侧、嫩江中下游等地，其中额尔古纳河上游中俄两侧、嫩江右侧支流偏多 100％以上。流域内中国侧降雨量大于 300mm、400mm、500mm、600mm 的笼罩面积分别为 89.1 万 km²、72.4 万 km²、41.7 万 km²、16.5 万 km²，占中国侧流域面积的 98.8％、80.2％、46.3％、18.3％。1998 年 6—9 月黑龙江流域降雨量等值线见图 2-60。

二、黑龙江流域与 1958 年、1984 年比较

2013 年和 1958 年、1984 年黑龙江流域强降雨的天气系统基本相同，均是由于中高纬度阻塞形势持续稳定，配合西风带低值系统频繁活动，加之副热带高压势力偏弱，夏季东亚地区大范围环流形势异常，从而导致了流域内发生大范围长时间降雨过程。但由于各年气候背景、大气环流形势的差异，以及影响天气系统强弱不一，降雨发生的时间、范围、强度也有所不同。

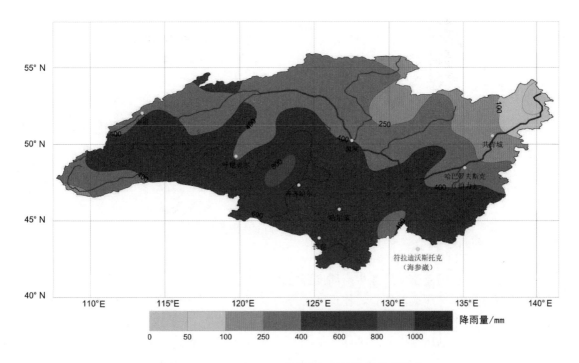

图 2-60　1998 年 6—9 月黑龙江流域降雨量等值线

（一）天气形势

1. 西太平洋副热带高压

经分析，2013 年、1958 年、1984 年 5—9 月西太平洋副热带高压面积指数与多年同期均值相比，各月基本均小于常年，其中 2013 年 7 月偏小 59％、1984 年 6 月和 7 月分别偏小 59％和 96％最为明显；而 5—9 月副高强度指数与常年相比，各月均低于常年，其中 2013 年 6 月和 7 月分别偏小 60％和 72％、1984 年 6 月和 7 月均偏小 80％最为明显。详见图 2-61 和图 2-62。

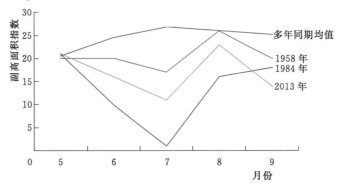

图 2-61　1958 年、1984 年、2013 年 5—9 月副高面积
指数与多年同期均值比较

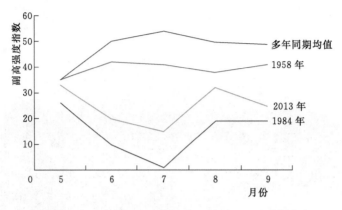

图 2-62 1958 年、1984 年、2013 年 5—9 月副高强度
指数与多年同期均值比较

2. 中高纬度阻塞形势

三个大水年份的夏季，欧亚中高纬度鄂霍茨克海地区、贝加尔湖地区、乌拉尔山地区均形成较强的阻塞高压或高压脊，使得环流经向度加大。由于阻塞高压势力强大，持续而稳定，大气环流维持了相对稳定的态势。通过对三年主汛期 7—8 月气候统计结果看，阻塞高压与高压脊分别出现 53d、58d、55d，占 7—8 月总天数的 85%、94%、89%；其中2013 年鄂霍茨克海阻塞高压与高压脊出现频次明显偏多；1958 年鄂霍茨克海与贝加尔湖阻塞高压和高压脊出现频次均较多；而 1984 年鄂霍茨克海与乌拉尔山阻塞高压和高压脊出现频次大致相当。

3. 西风带低值系统活动

三个大水年份夏季在阻塞高压建立的同时，均伴随着低涡或低压槽的频繁活动，由于受到阻塞高压的影响，低压系统东移受阻，且东移南下的冷空气源源不断加以补充，使得流域上空经常处于低压系统控制下，导致雨区始终徘徊在黑龙江流域。通过对三年主汛期7—8 月气候统计结果看，低涡和低压槽分别出现 50d、39d、51d，占 7—8 月总天数的81%、63%、82%。

（二）汛期降雨

1. 主要降雨区比较

2013 年 6—9 月降雨集中于黑龙江流域中东部的大片区域，主要位于黑龙江干流、嫩江、第二松花江、松花江干流、乌苏里江上中游、结雅河、布里亚河等地区，黑龙江全流域累积降雨量大于 500mm 的笼罩面积为 76.4 万 km²，占流域总面积的 37.3%。1958 年6—9 月降雨集中于流域中北部地区，主要位于额尔古纳河下游、黑龙江干流上游和下游、嫩江上游、结雅河上游、布列亚河等地区，黑龙江全流域累积降雨量大于 500mm 的笼罩面积为 12.0 万 km²，占流域总面积的 5.9%。1984 年 6—9 月降雨集中于流域中东部的部分地区，主要位于额尔古纳河下游、黑龙江中游、嫩江上中游、第二松花江中游、松花江干流中下游、乌苏里江下游、结雅河上游、布列亚河等地区，黑龙江全流域累积降雨量大于 500mm 的笼罩面积为 52.5 万 km²，占流域总面积的 25.6%。可见 2013 年 6—9 月黑龙江流域主要降雨区的覆盖范围最大，1984 年次之，1958 年最小。2013 年 6—9 月黑龙流域降雨量等值线图见图 2-63。

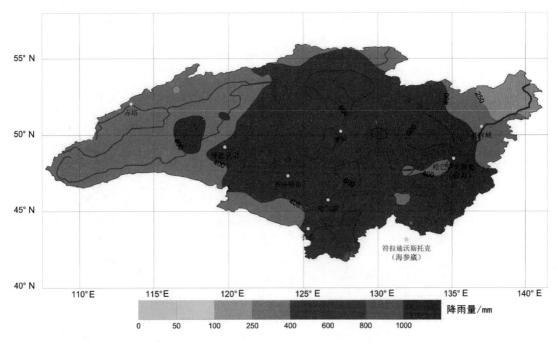

图 2-63 2013 年 6—9 月黑龙江流域降雨量等值线

2. 汛期降雨量比较

黑龙江流域 2013 年 6—9 月降雨量大于 1958 年、1984 年，列常年同期第一位。2013 年 6—9 月降雨量为 508.8mm，是 1958 年降雨量 351.5mm 的 1.45 倍，是 1984 年降雨量 456.5mm 的 1.11 倍；对于主汛期 7—8 月来说，2013 年降雨量为 362.4mm，是 1958 年 213.9mm 的 1.69 倍，是 1984 年 299.0mm 的 1.21 倍。详见表 2-13。

3. 降雨集中期比较

2013 年主要降雨时段从 6 月上旬后期开始持续至 8 月末，6 月、7 月、8 月降雨量分别比历年同期偏多 21%、47%、48%，以 7 月、8 月降雨最为集中，偏多明显；1958 年主要降雨时段从 6 月下旬开始持续至 8 月下旬，这期间多雨和少雨交替出现，6 月、7 月降雨量分别比历年同期偏少 24%、25%，8 月、9 月降雨量分别比历年同期偏多 3%、54%，降雨在 9 月偏多明显；1984 年主要降雨时段从 6 月下旬开始持续至 8 月下旬，6 月、7 月、8 月降雨量分别比历年同期偏多 18%、6%、41%，降雨在 8 月偏多明显。经比较可以看出，2013 年降雨集中期最长，较 1958 年、1984 年均偏长，而且主要降雨时段高度集中，降雨量级明显偏大，因此易于流域洪水的形成。详见图 2-64 和图 2-65。

4. 最大 1d 和最大 3d 降雨比较

2013 年最大 1d 降雨出现在 7 月 2 日，流域 1d 平均雨量 20.8mm，与 1958 年相当，大于 1984 年。暴雨区主要位于嫩江中游及左侧支流、第二松花江下游、松花江干流上游及下游地区，黑龙江流域内中国境内降雨量大于 25mm、50mm 的笼罩面积分别为 30.3 万 km²、5.4 万 km²，占中国境内流域面积的 33.6%、6.0%，暴雨中心位于松花江支流

表2-13　1958年、1984年、2013年6—9月黑龙江流域中国境内各月雨量及距平统计

	流域	1958 黑龙江流域	额尔古纳河	黑龙江干流	乌苏里江	嫩江	第二松花江	松花江干流	1984 黑龙江流域	额尔古纳河	黑龙江干流	乌苏里江	嫩江	第二松花江	松花江干流	2013 黑龙江流域	额尔古纳河	黑龙江干流	乌苏里江	嫩江	第二松花江	松花江干流
降雨量/mm	6—9月	351.5	304.4	405.4	264.4	365.3	391.6	348.9	456.5	441.7	496.7	385.6	430.7	495	492.8	508.8	432.6	534.6	447.7	497.1	622.8	547.4
	6月	61.3	63.5	76.9	71.8	42	117.6	55.3	95.3	105.4	75	107.5	86.1	120.7	100.2	97.1	80	64.2	77.4	112.5	129.5	100.9
	7月	101.6	98.9	107.1	79.4	100.4	75.8	119.1	144.3	139.8	154.5	105.2	156.2	146.2	134.7	200.5	173.8	226.4	171.2	197.1	248.5	202.1
	8月	112.3	104.8	132.5	63.1	135	116.5	84.3	154.7	160.9	167.8	113.1	136.2	178.7	174.3	161.9	130	182.4	158.2	135	201.5	203.3
	9月	76.3	37.2	88.9	50.1	87.9	81.7	90.2	52.4	35.5	67.4	57.5	41.3	49.4	74.6	49.2	48.8	61.6	40.9	52.6	43.4	41.1
距平/%	6—9月	-6	6	7	-29	-2	-20	-21	21	54	31	3	16	1	12	35	50	41	20	34	27	24
	6月	-24	3	-3	-3	-46	9	-40	18	71	-6	46	12	12	10	21	30	-19	5	46	20	10
	7月	-25	-4	-15	-31	-31	-58	-22	6	36	23	-8	7	-18	-12	47	69	80	49	35	39	32
	8月	3	24	20	-47	30	-19	-36	41	91	52	-4	31	24	33	48	54	65	34	30	40	55
	9月	54	-4	37	-25	93	36	40	6	-8	4	-14	-9	-18	16	-1	26	-5	-39	15	-28	-36

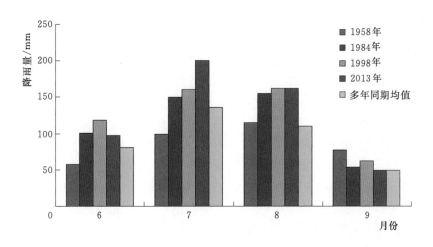

图 2-64 1958 年、1984 年、1998 年、2013 年 6—9 月黑龙江流域
中国境内月降雨量柱状图

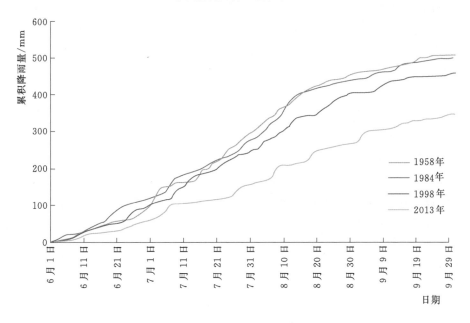

图 2-65 1958 年、1984 年、1998 年、2013 年 6—9 月黑龙江流域
中国境内累积降雨量对比

格金河格金河林场站，日降雨量 137.4mm。1958 年最大 1d 降雨出现在 8 月 8 日，流域 1d 平均雨量 21.7mm，暴雨区主要位于黑龙江干流支流逊毕拉河、嫩江中游左侧支流等地，流域内中国境内降雨量大于 25mm、50mm 的笼罩面积分别为 21.4 万 km²、3.3 万 km²，占中国境内流域面积的 23.7%、3.7%，最大点雨量位于嫩江支流乌裕尔河新启村站，日降雨量 131.7mm。1984 年最大 1d 降雨出现在 8 月 3 日，流域 1d 平均雨量 17.7mm，暴雨区主要位于黑龙江干流中游及支流逊毕拉河、嫩江支流乌裕尔河上游等地，流域内中国境内降雨量大于 25mm、50mm 的笼罩面积分别为 22.5 万 km²、3.2 万 km²，占中国境

内流域面积的 25.0%、3.5%，暴雨中心位于嫩江支流乌裕尔河保家村五队站，日降雨量 102.2mm。

2013 年最大 3d 降雨出现在 7 月 1—3 日，流域 3d 平均雨量 43.4mm，大于 1958 年和 1984 年，3d 日雨量分别为 8.7mm、20.8mm、13.9mm，流域内中国境内降雨量大于 25mm、50mm、100mm 雨区笼罩面积分别为 60.3 万 km²、30.8 万 km²、2.6 万 km²，占中国境内流域面积的 66.9%、34.1%、2.9%。1958 年最大 3d 降雨出现在 8 月 7—9 日，流域 3d 平均雨量 38.0mm，3d 日雨量分别为 8.1mm、21.7mm、8.2mm，流域内中国境内降雨量大于 25mm、50mm 雨区笼罩面积分别为 47.0 万 km²、15.1 万 km²，占中国境内流域面积的 52.1%、16.8%。1984 年最大 3d 降雨出现在 8 月 3—5 日，流域 3d 平均雨量 25.2mm，3d 日雨量分别为 17.7mm、3.8mm、3.7mm，黑龙江流域内中国境内降雨量大于 25mm、50mm 雨区笼罩面积分别为 38.1 万 km²、10.9 万 km²，占中国境内流域面积的 42.2%、12.0%。

由此可见，流域最大 1d 平均降雨、最大 1d 暴雨中心强度 2013 年与 1958 年较接近，大于 1984 年，但最大 1d 大于 50mm 雨区笼罩面积 2013 年明显大于 1958 年和 1984 年。对于流域最大 3d 降雨，在降雨强度上，流域最大 3d 平均降雨 2013 年大于 1958 年、1984 年；在日程分配上，2013 年最大 3d 降雨中第二天、第三天降雨均较大，而 1958 年、1984 年分别为第二天和第一天较大，其余两天均不大；在雨区笼罩面积上，大于 50mm 雨区笼罩面积 2013 年大于 1958 年、1984 年，见表 2-14。

三、嫩江、松花江与 1998 年比较

2013 年黑龙江流域与 1998 年松花江流域发生的强降雨过程，在影响天气系统方面有其异同点。首先是欧亚中高纬度均以径向环流为主，阻塞高压反复出现，冷值系统活动频繁；但 1998 年副热带高压势力较常年偏强，同时阻塞高压与低值系统之间的配置与 2013 年有较大差异，使得低槽区常常稳定在嫩江流域，导致 1998 年嫩江水系出现了明显的降雨高值区。

（一）天气形势

1. 西太平洋副热带高压

经分析，2013 年、1998 年 6—9 月副高面积指数和强度指数差异较大，2013 年副高势力偏弱，各月副高面积指数、强度指数均小于常年；而 1998 年副高势力偏强，各月副高面积指数、强度指数均大于常年。

2. 中高纬度阻塞高压

2013 年、1998 年夏季中高纬度均出现了阻塞形势，且频次相当。对 1998 年 7—8 月气候统计结果看，阻塞高压与高压脊出现 55d，占 7—8 月总天数的 89%，但是以双阻型和贝加尔湖阻塞高压出现频次为多。

3. 西风带低值系统活动

2013 年、1998 年夏季中纬度低值系统均较活跃，但 2013 年较 1998 年明显偏多。对 1998 年 7—8 月气候统计结果看，低涡和低压槽出现 38d，占 7—8 月总天数的 61%，而且由于 1998 年双阻出现的频次较多，导致低值系统路径偏南，频繁影响嫩江水系。

表 2－14

1958 年、1984 年、2013 年黑龙江流域中国境内最大 1d、最大 3d 降雨情况对比

年份	出现日期	降雨量/mm	雨区笼罩面积（中国境内）						雨区笼罩面积（全流域）						最大点雨量		
			>25mm		>50mm		>100mm		>25mm		>50mm		>100mm		水系	站名	雨量/mm
			面积/万 km²	占总面积/%	面积/万 km²	占总面积/%	面积/万 km²	占总面积/%	面积/万 km²	占总面积/%	面积/万 km²	占总面积/%	面积/万 km²	占总面积/%			
1958	8 月 8 日	21.7	21.4	23.7	3.3	3.7	0.1	0.1	21.4	10.4	3.3	1.6	0.1	0.0	嫩江	新启村	131.7
	8 月 7— 9 日	38	47.0	52.1	15.1	16.8	0.4	0.5	76.2	37.2	16.1	7.9	0.4	0.2	嫩江	新启村	192.1
1984	8 月 3 日	17.7	22.5	25.0	3.2	3.5			31.1	15.1	3.2	1.6			嫩江	保家村五队	102.2
	8 月 3— 5 日	25.2	38.1	42.2	10.9	12.0			114.2	55.7	27.6	13.5			二松	杨木林	112.4
2013	7 月 2 日	20.8	30.3	33.6	5.4	6.0			30.3	14.8	5.4	2.6	0.1	0.0	松花江干流	格金河林场	137.4
	7 月 1— 3 日	43.4	60.3	66.9	30.8	34.1	2.6	2.9	68.5	33.4	30.8	15.0	2.6	1.3	第二松花江	光明林场	158.6

（二）汛期降雨

1．主要降雨区比较

1998年6—9月降雨主要位于黑龙江流域西南部的嫩江水系，降雨高值区集中于嫩江右侧支流。降雨量超过500mm的区域主要集中在额尔古纳河中游、嫩江、第二松花江、松花江干流上中游、乌苏里江中游俄方境内等地，降雨量超过600mm的高值区集中于嫩江上中游及右侧支流、第二松花江上游等地，其中嫩江右侧局部地区高达800mm以上。

黑龙江全流域降雨量大于500mm的笼罩面积为43.3万km²，占流域总面积的21.1%。可见2013年汛期黑龙江流域主要降雨区的覆盖范围大于1998年，但嫩江水系降雨高值区的范围明显小于1998年。

2．汛期降雨量比较

嫩江水系2013年6—9月降雨量为497.1mm，是1998年624.0mm的80%；对于主汛期7—8月来说，2013年降雨量332.1mm，是1998年425.0mm的78%。松花江干流2013年降雨量为547.4mm，是1998年450.7mm的1.21倍；对于主汛期7—8月来说，2013年降雨量为405.4mm，是1998年271.5mm的1.49倍，见表2-15。

表2-15　　　　　　1998年、2013年6—9月松花江流域各月雨量及距平统计

年　份		1998			2013		
流域		嫩江	第二松花江	松花江干流	嫩江	第二松花江	松花江干流
降雨量/mm	6—9月	624	575.6	450.7	497.1	622.8	547.4
	6月	139.5	124	105.4	112.5	129.5	100.9
	7月	213.5	185.1	110.2	197.1	248.5	202.1
	8月	211.5	212.1	161.3	135	201.5	203.3
	9月	59.6	54.5	73.9	52.6	43.4	41.1
距平/%	6—9月	68	17	3	34	27	24
	6月	81	15	15	46	20	10
	7月	47	4	−28	35	39	32
	8月	104	48	23	30	40	55
	9月	31	−9	15	15	−28	−36

3．降雨集中期比较

嫩江水系2013年主要降雨时段从6月上旬后期开始持续至8月上旬，6月、7月、8月降雨量分别比常年同期偏多46%、35%、30%；1998年主要降雨时段从6月上旬后期开始持续至8月中旬，6月、7月、8月降雨量分别比常年同期偏多81%，47%，104%，以6月、8月偏多明显。

经比较可以看出，嫩江水系2013与1998年比较，在降雨范围、降雨强度、降雨集中期等方面均偏小，尤其在降雨量级方面远小于1998年，见图2-66。

通过以上分析可知，各类阻塞高压和西风带低值系统的共同影响是黑龙江流域产生持续性降雨天气的主要影响系统，但由于阻塞高压出现位置、中心强度、维持时间，

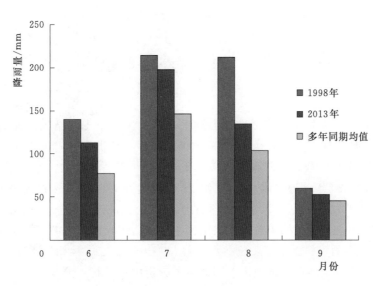

图 2-66 1998 年、2013 年 6—9 月嫩江降雨量柱状图

冷涡和低槽移动路径、低涡强度、影响时间，以及阻塞高压与低值系统的配置不同，导致黑龙江流域历史暴雨的主要降雨区、降雨集中期、降雨强度、洪水发生区域等均有较大差异。

第三章 洪 水 分 析

2013 年汛期,黑龙江发生了流域性大洪水,黑龙江左岸支流结雅河控制站别洛戈里耶水文站洪峰流量达到 14500m³/s,为 1956 年以来第 2 位洪水;右岸支流松花江发生了 1998 年以来最大洪水,其中尼尔基水库以上发生超 50 年一遇特大洪水,经水库调节后,水库以下发生 10~20 年一遇中洪水;黑龙江干流发生了 1984 年以来最大洪水,其中黑河—同江段发生 20~50 年一遇大洪水,由于结雅河、松花江洪水叠加,同江—抚远段洪水重现期超过 100 年,为历史第 1 位特大洪水。主要支流中,嫩江上游、海拉尔河、根河等 12 条河流发生有实测资料以来第 1 位洪水。

由于松花江流域全部在中国境内,因此本章分析中将松花江流域独立分析,其他支流洪水仍在黑龙江流域中分析。

第一节 洪水过程及特点

一、松花江

2013 年汛期,松花江发生 1998 年以来最大的流域性洪水,其中嫩江尼尔基水库以上发生特大洪水,经尼尔基水库调蓄后,嫩江中下游干流发生中洪水;第二松花江上中游发生大洪水,经白山水库、丰满水库调蓄后,下游仅出现一般涨水过程,为小洪水;受嫩江、第二松花江及支流拉林河、呼兰河、牡丹江等来水影响,松花江干流发生中洪水。嫩江、松花江全线超过警戒水位。

松花江干支流主要控制站洪水特征统计表详见表 3-1。

(一)嫩江洪水

嫩江洪水主要来源于上游(尼尔基水库以上)干支流,7 月及 8 月上旬,各河流连续发生洪水,底水逐渐抬高,洪水量级增加,干支流洪水叠加,同时与库区附近降雨遭遇,导致尼尔基水库发生超 50 年一遇特大入库洪水,嫩江干流全线超过警戒水位。

1. 支流洪水

(1)多布库尔河。多布库尔河为嫩江上游右岸支流。控制站古里水文站集水面积占全流域的 93%,该站汛期共发生 5 次洪水过程,洪峰分别出现在 6 月 4 日、7 月 15 日、7 月 24 日、8 月 5 日和 8 月 13 日,其中 8 月 13 日 8 时出现最高水位 8.72m,最大流量 564m³/s,水位、流量分别列 1972 年有实测资料以来第 4 位和第 5 位。古里站汛期日平均水位、流量过程线见图 3-1。

(2)甘河。甘河为嫩江上游右岸支流。控制站柳家屯水文站集水面积占全流域的 99.7%,该站汛期先后出现 4 次洪水过程,洪峰分别出现在 6 月 6 日、7 月 24 日、8 月 5 日和 8 月 14 日。特别是 7 月下旬以后的 3 个过程首尾相连,使得洪峰渐增,8 月 14 日 2

表 3 – 1

2013 年汛期松花江干支流主要控制站洪水特征统计

河名	站名	2013年最高水位、最大流量			历史最高水位、最大流量				警戒水位/m	超警天数/d	最高水位持续时间/h	历史排位(水位/流量)
		水位/m	发生时间	流量/(m³/s)	水位/m	发生时间(年-月-日)	流量/(m³/s)	发生时间(年-月-日)				
嫩江	石灰窑	251.15	8月9日14时	1730	253.08	1988-08-09	3500	1955-07-04	252.00	—	—	—
	库漠屯	235.29	8月10日22时	4328	235.00	1955-07-06	3800	1988-08-11	233.50	10	2	1/1
	嫩江	221.95	8月11日10时		222.06	1955-07-07			221.30	10	1	3
	同盟	170.40	8月14日8时	8760	170.69	1998-08-12	12300	1998-08-12	169.60	23	3	3/6
	齐齐哈尔	148.68	8月16日0时		149.30	1998-08-13			147.00	26	7	2
	富拉尔基	145.80	8月16日15时	8450	146.06	1998-08-13	15500	1998-08-13	144.60	22		2/3
	江桥	141.46	8月17日2时	8300	142.37	1998-08-14	26400	1998-08-14	139.70	30	1	2/3
	大赉	132.62	8月23日2时	7700	133.23	1998-08-15	16100	1998-08-14	131.90	19	2	2/4
第二松花江	吉林	188.84	8月8日16时	3090	191.07	1957-08-28	6480	1957-08-28	189.39	—	—	—
	扶余	133.01	8月24日17时	2620	134.80	1956-08-01	6986	1951-09-03	133.56	—	—	2
松花江	肇源	128.99	8月23日5时		129.52	1998-08-18			127.60	44	9	2
	下岱吉	127.08	8月24日14时	10000	127.81	1998-08-19	16000	1998-08-19	126.32	18	20	3/3
	哈尔滨	119.49	8月26日10时	10200	120.89	1998-08-22	16600	1998-08-19	118.10	21	24	7/5
	木兰	110.44	8月27日22时		111.33	1998-08-24			109.00	25	22	3
	通河	105.59	8月28日7时	12200	106.14	1998-08-25	15900	1998-08-25	104.40	30	24	3/2
	依兰	98.01	8月30日17时	13810	99.09	1960-08-26	16000	1998-08-26	96.80	17	6	3/2
	佳木斯	79.85	8月30日23时	13480	80.63	1960-08-27	18400	1960-08-27	79.00	26	9	6/6
	富锦	60.86	9月2日16时		61.11	1998-08-30			60.10	30	5	3

注 1．本表中水位、流量均采用报汛资料，其中水位数值采用报汛基面。
 2．空格项表示无水位站、无流量资料；"—"表示未发生超警洪水测站。

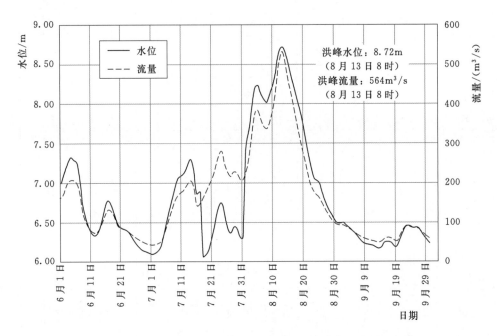

图 3-1 2013 年汛期多布库尔河古里站日平均水位、流量过程线

时出现最高水位 225.66m，最大流量 2000m³/s，水位、流量分别列 1951 年有实测资料以来第 11 位和第 7 位，为 1998 年以来最大洪水。柳家屯站汛期日平均水位、流量过程线见图 3-2。

（3）科洛河。科洛河为嫩江上游左岸支流。控制站科后水文站集水面积占全流域的 86%，该站汛期共出现 5 次洪水过程，洪峰分别出现在 6 月 18 日、7 月 9 日、7 月 20 日、

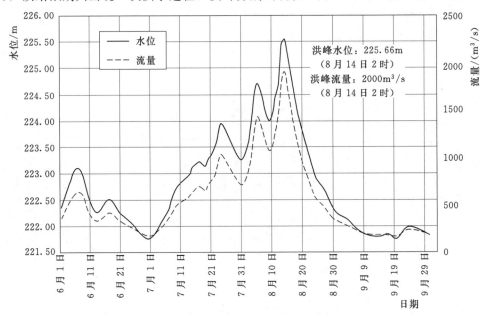

图 3-2 2013 年汛期甘河柳家屯站日平均水位、流量过程线

8月7日和8月12日，其中8月7日和12日连续两场洪水形成典型的复式洪水。复式洪水过程中科后站水位于8月1日起涨，8月5日达到警戒水位，8月7日23时出现最高水位100.21m，超过警戒水位2.21m，最大流量938m³/s，水位、流量均列1954年有实测资料以来第2位，8月18日退至警戒水位以下，超警历时14d。科后站汛期日平均水位、流量过程线见图3-3。

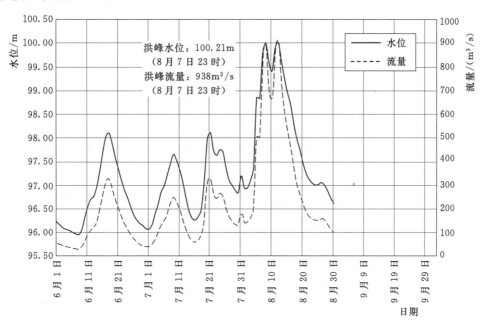

图3-3　2013年汛期科洛河科后站日平均水位、流量过程线

（4）讷谟尔河。讷谟尔河为嫩江中游左岸支流，在尼尔基水库和同盟水文站之间汇入嫩江干流。其上游德都水文站集水面积占全流域的52%，该站水位于8月1日起涨，8月5日达到警戒水位，8月7日5时洪峰水位98.33m，超过警戒水位0.83m，洪峰流量821m³/s，水位、流量分别列1973年有实测资料以来第4位和第2位，8月13日退至警戒水位以下，超警历时9d。德都站汛期日平均水位、流量过程线见图3-4。

2. 干流洪水

受降雨及干支流来水影响，嫩江干流全线超警，超警幅度0.72~1.79m，超警历时19~30d。

（1）上游库漠屯水文站。水位于7月18日起涨，8月9日达到警戒水位，8月10日22时洪峰水位235.29m，超警戒水位1.79m，超过保证水位1.29m，洪峰流量4328m³/s，水位、流量均列1950年有实测资料以来第1位，洪峰持续时间2h，8月18日退至警戒水位以下，超警历时10d。库漠屯站汛期日平均水位、流量过程线见图3-5。

（2）上游控制站尼尔基水库。8月12日11—14时，库区及周边地区突发罕见的短历时、高强度暴雨过程，致使库水位3h上涨0.15m，12日8—14时平均入库流量9440m³/s，13日23时最大3h出库流量5620m³/s，17日8时最高库水位216.54m，超过防洪高水位0.54m，为2005年建库以来最高库水位。尼尔基水库汛期日平均水位、流量过程线见图3-6。

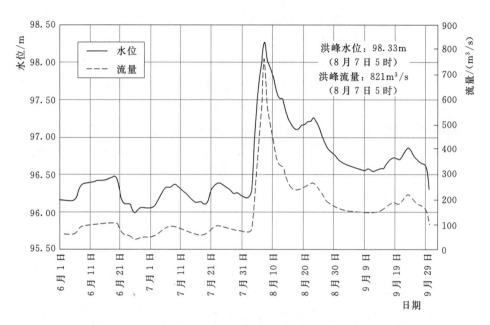

图 3-4　2013 年汛期讷谟尔河德都站日平均水位、流量过程线

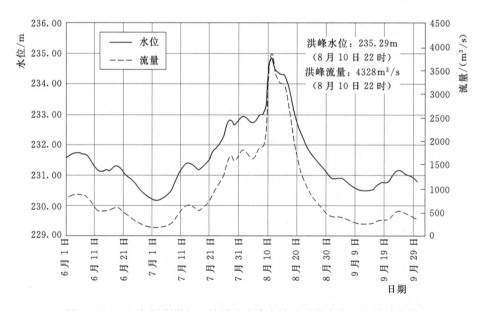

图 3-5　2013 年汛期嫩江上游干流库漠屯站日平均水位、流量过程线

　　(3) 中游同盟水文站。水位于 7 月 28 日起涨，8 月 1 日达到警戒水位，8 月 14 日 8 时洪峰水位 170.40m，超过警戒水位 0.80m，超过保证水位 0.20m，洪峰流量 8760m³/s，水位、流量分别列 1965 年有实测资料以来第 3 位和第 6 位，洪峰持续时间 3h，8 月 23 日退至警戒水位以下，超警历时 23d。同盟站汛期日平均水位、流量过程线见图 3-7。

　　(4) 中游齐齐哈尔水位站。水位于 7 月 29 日起涨，8 月 2 日达到警戒水位，8 月 16 日 0 时洪峰水位 148.68m，超过警戒水位 1.68m，超过保证水位 0.18m，水位列 1961 年

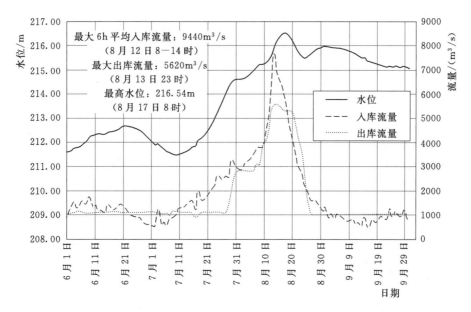

图 3-6　2013 年汛期嫩江上游干流尼尔基水库日平均水位、流量过程线

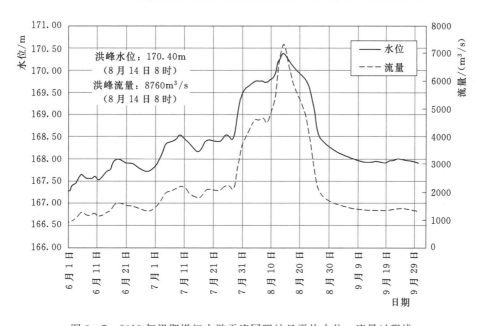

图 3-7　2013 年汛期嫩江中游干流同盟站日平均水位、流量过程线

有实测资料以来第 2 位，洪峰持续时间 7h，8 月 27 日退至警戒水位以下，超警历时 26d。齐齐哈尔站汛期日平均水位过程线见图 3-8。

（5）中游富拉尔基水文站。水位于 7 月 30 日起涨，8 月 5 日达到警戒水位，8 月 16 日 15 时洪峰水位 145.80m，超过警戒水位 1.20m，超过保证水位 0.20m，洪峰流量 8450m³/s，水位、流量分别列 1953 年有实测资料以来第 2 位和第 3 位，8 月 26 日退至警戒水位以下，超警历时 22d。富拉尔基站汛期日平均水位、流量过程线见图 3-9。

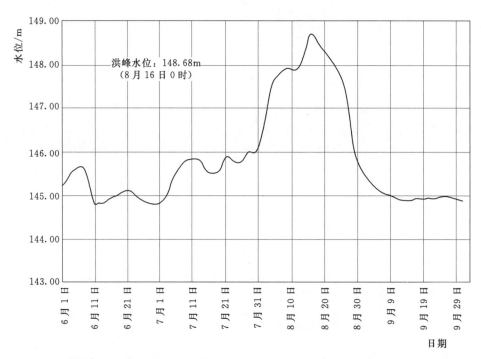

图 3-8 2013年汛期嫩江中游干流齐齐哈尔站逐日平均水位过程线

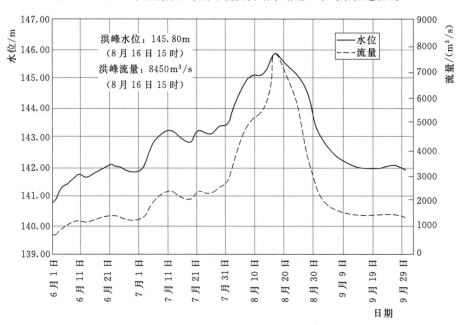

图 3-9 2013年汛期嫩江中游干流富拉尔基站日平均水位、流量过程线

（6）中游控制站江桥水文站。水位于 7 月 17 日起涨，8 月 2 日达到警戒水位，8 月 17 日 2 时洪峰水位 141.46m，超过警戒水位 1.76m，超过保证水位 0.06m，18 日 2 时洪峰流量 8300m³/s，水位、流量分别列 1961 年有实测资料以来第 2 位和第 3 位，洪峰持续时间 1h，8 月 31 日退至警戒水位以下，超警历时 30d。江桥站汛期日平均水位、流量过

程线见图 3-10。

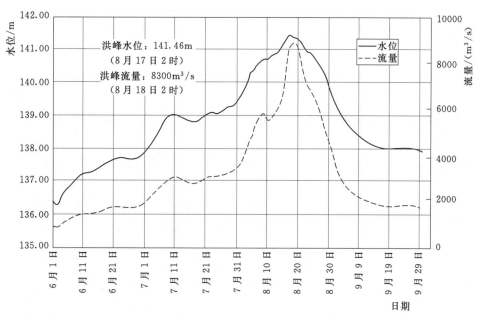

图 3-10 2013 年汛期嫩江中游干流江桥站日平均水位、流量过程线

（7）下游控制站大赉水文站。水位于 7 月 18 日起涨，8 月 14 日达到警戒水位，8 月
23 日 2 时洪峰水位 132.62m，超过警戒水位 0.72m，洪峰流量 7700m³/s，水位、流量分
别列 1953 年有实测资料以来第 2 位和第 4 位，洪峰持续时间 2h，9 月 1 日退至警戒水位
以下，超警历时 19d。大赉站汛期日平均水位、流量过程线见图 3-11。

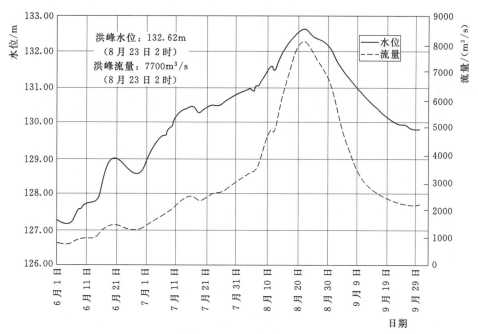

图 3-11 2013 年汛期嫩江干流大赉站日平均水位、流量过程线

(二) 第二松花江洪水

受 8 月 14—16 日强降雨影响，第二松花江支流二道松花江、辉发河发生超警洪水，丰满水库发生 50 年一遇入库洪水，经丰满水库调节后，中下游没有超过警戒水位。

1. 支流洪水

(1) 二道松花江。二道松花江为第二松花江白山水库上游支流。控制站汉阳屯水文站 8 月 16 日 7 时 20 分洪峰水位 311.15m，超过保证水位 4.65m，洪峰流量 5562m³/s，水位、流量均列 1954 年有实测资料以来第 2 位。汉阳屯站汛期日平均水位、流量过程线见图 3-12。

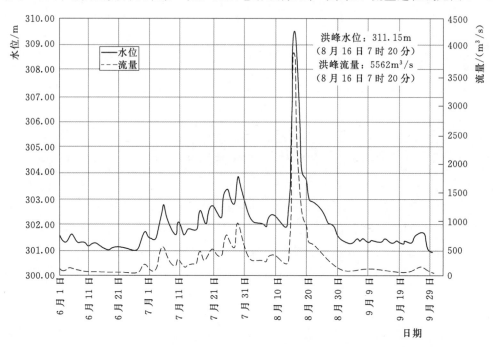

图 3-12　2013 年汛期二道松花江汉阳屯站日平均水位、流量过程线

(2) 辉发河。辉发河为第二松花江中游左岸支流，在白山、丰满水库之间汇入第二松花江。控制站五道沟水文站 8 月 19 日 2 时洪峰水位 272.17m，超过警戒水位 2.17m，洪峰流量 3410m³/s，水位、流量均列 1953 年有实测资料以来第 3 位。五道沟站汛期日平均水位、流量过程线见图 3-13。

2. 干流洪水

(1) 上游控制站白山水库。8 月 16 日 11—14 时平均入库流量 9270m³/s，17 日 14 时最大出库流量 4080m³/s，19 日 23 时库水位涨至 416.04m，超过汛限水位 3.04m，22 日出现本次洪水过程最高库水位 416.21m，低于汛限水位（该站以 8 月 20 日为节点，分段控制汛限水位）。

(2) 中游控制站丰满水库。8 月 16 日 14 时至 17 日 2 时平均入库流量 10700m³/s，24 日 20 时最大出库流量 2160m³/s，22 日 8 时出现本次洪水过程最高库水位 262.91m，低于汛限水位。8 月 16 日 8 时至 17 日 8 时日平均入库流量 9400m³/s，平均出库流量 1760m³/s。丰满水库汛期日洪水过程线见图 3-14。

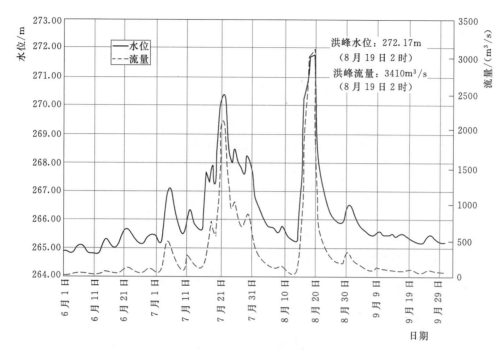

图 3-13 2013 年汛期辉发河五道沟站日平均水位、流量过程线

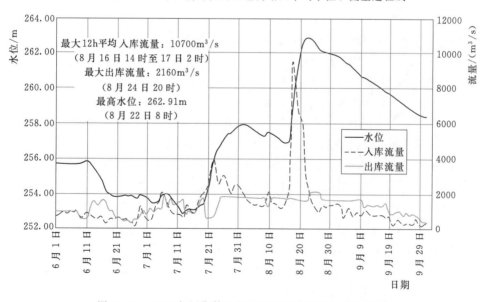

图 3-14 2013 年汛期第二松花江丰满水库日洪水过程线

（3）下游控制站扶余水文站。8 月 24 日 17 时最高水位 133.01m，低于警戒水位，最大流量 2620m³/s。第二松花江扶余站汛期日平均水位、流量过程线见图 3-15。

（三）松花江干流洪水

松花江洪水主要来源于嫩江，第二松花江洪水，洪水传播过程中与呼兰河、汤旺河等支流洪水遭遇，松花江干流全线超警。拉林河、牡丹江虽然发生洪水，但没有与干流洪水遭遇。

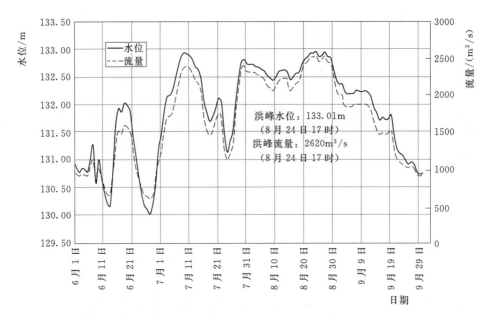

图 3-15　2013 年汛期第二松花江扶余站日平均水位、流量过程线

1. 支流洪水

（1）拉林河。拉林河为松花江上游右岸支流，在肇源水位站和下岱吉水文站之间汇入松花江干流。拉林河水系牤牛河支流大泥河老街基水文站 7 月 4 日 8 时水位 104.88m，超过警戒水位 0.58m，洪峰流量 206m³/s，水位、流量均列 1999 年有实测资料以来第 1 位。拉林河支流牤牛河大碾子沟水文站 7 月 6 日 12 时洪峰水位 168.26m，超过保证水位 0.26m，洪峰流量 1450m³/s，水位、流量均列 1951 年有实测资料以来第 1 位。拉林河控制站蔡家沟水文站集水面积占全流域的 96%，该站水位于 6 月 28 日起涨，7 月 5 日达到警戒水位，7 月 7 日 8 时洪峰水位 140.98m，超过警戒水位 1.08m，7 日 21 时洪峰流量 2210m³/s，水位、流量均列 1953 年有实测资料以来第 5 位，7 月 11 日退至警戒水位以下，超警历时 7d。蔡家沟站汛期日平均水位、流量过程线见图 3-16。

（2）呼兰河。呼兰河为松花江中游左岸支流，在哈尔滨水文站和木兰水位站之间汇入松花江干流。呼兰河水系通肯河支流扎音河陈家店水文站 7 月 31 日 14 时洪峰水位 99.85m，超过警戒水位 1.35m，洪峰流量 243m³/s，水位、流量分别列 1970 年有实测资料以来第 3 位和第 1 位。呼兰河支流通肯河青冈水文站 8 月 18 日 5 时洪峰水位 97.97m，超过警戒水位 1.35m，洪峰流量 746m³/s，水位、流量均列 1974 年有实测资料以来第 2 位。呼兰河控制站兰西水文站集水面积占全流域的 71%，该站水位于 8 月 1 日起涨，8 月 20 日达到警戒水位，8 月 22 日 20 时洪峰水位 128.99m，超过警戒水位 0.59m，洪峰流量 2660m³/s，水位、流量均列 1949 年有实测资料以来第 5 位，8 月 26 日退至警戒水位以下，超警历时 7d。兰西站汛期日平均水位、流量过程线见图 3-17。

（3）牡丹江。牡丹江为松花江中游右岸支流，在依兰水文站以上汇入松花江干流，莲花电站集水面积占全流域的 81%，7 月 26 日 8 时至 27 日 8 时平均入库流量 2920m³/s，27 日 20 时库水位 217.97m，28 日 2 时出库流量 2830m³/s，均列 1994 年建库以来第 1 位。

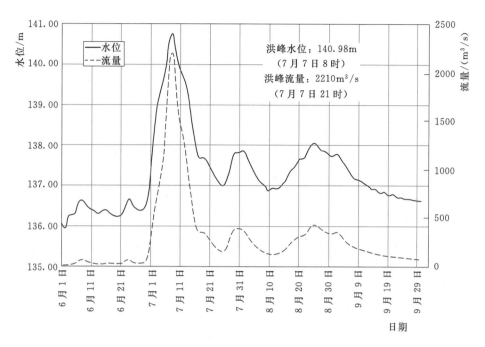

图 3-16　2013 年汛期拉林河蔡家沟站日平均水位、流量过程线

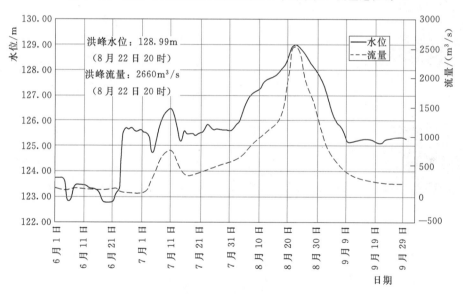

图 3-17　2013 年汛期呼兰河兰西站日平均水位、流量过程线

莲花电站汛期日平均水位、流量过程线见图 3-18。

（4）汤旺河。汤旺河为松花江中游左岸支流，在佳木斯水文站以上汇入松花江干流，控制站晨明水文站集水面积占全流域的 92%，该站水位于 8 月 12 日起涨，8 月 15 日达到警戒水位，8 月 16 日 7 时洪峰水位 93.83m，超过警戒水位 0.33m，洪峰流量 2370m³/s，水位、流量分列 1977 年有实测资料以来第 7 位和第 6 位，8 月 17 日退至警戒水位以下，超警历时 2d。晨明站汛期日平均水位、流量过程线见图 3-19。

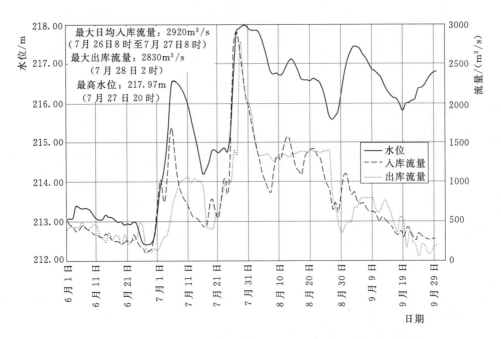

图 3-18　2013 年汛期牡丹江莲花电站日平均水位、流量过程线

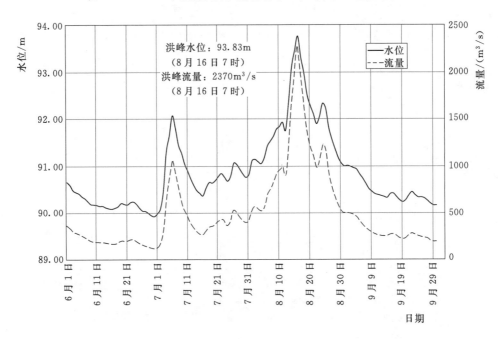

图 3-19　2013 年汛期汤旺河晨明站日平均水位、流量过程线

2. 干流洪水

2013 年汛期松花江干流全线超过警戒水位，超警幅度 0.76～1.79m，超警历时 17～44d。

（1）上游肇源水位站。水位于 7 月 27 日起涨，7 月 30 日达到警戒水位，8 月 23 日 5 时洪峰水位 128.99m，超过警戒水位 1.39m，超过保证水位 0.59m，水位列 1962 年有实测资料以来第 2 位，洪峰持续时间 9h，9 月 11 日退至警戒水位以下，超警历时 44d。肇源站汛期日平均水位过程线见图 3-20。

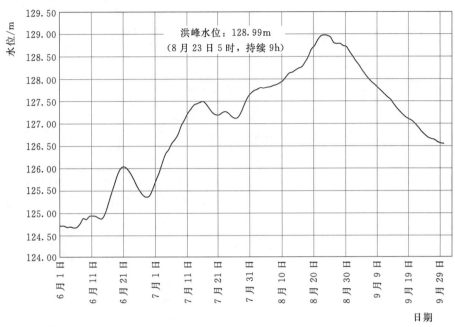

图 3-20　2013 年汛期松花江干流肇源站日平均水位过程线

　　（2）上游下岱吉水文站。水位于 7 月 28 日起涨，8 月 17 日达到警戒水位，8 月 24 日 14 时洪峰水位 127.08m，超过警戒水位 0.76m，洪峰流量 10000m³/s，水位、流量均列 1953 年有实测资料以来第 3 位，洪峰持续时间 20h，9 月 4 日退至警戒水位以下，超警历时 18d。下岱吉站汛期日平均水位、流量过程线见图 3-21。

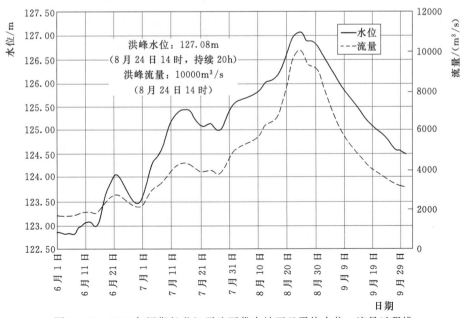

图 3-21　2013 年汛期松花江干流下岱吉站逐日平均水位、流量过程线

（3）上游控制站哈尔滨水文站。水位于 7 月 30 日起涨，8 月 19 日达到警戒水位，8 月 26 日 10 时洪峰水位 119.49m，超过警戒水位 1.39m，洪峰流量 10200m³/s，水位、流量分别列 1949 年有实测资料以来第 7 位和第 5 位，洪峰持续时间 24h，9 月 8 日退至警戒水位以下，超警历时 21d。哈尔滨站汛期日平均水位、流量过程线见图 3-22。

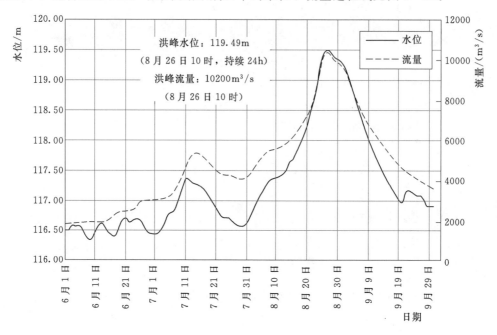

图 3-22　2013 年汛期松花江干流哈尔滨站日平均水位、流量过程线

（4）中游木兰水位站。水位于 8 月 1 日起涨，8 月 18 日达到警戒水位，8 月 27 日 22 时洪峰水位 110.44m，超过警戒水位 1.44m，水位列 1950 年有实测资料以来第 3 位，洪峰持续时间 22h，9 月 11 日退至警戒水位以下，超警历时 25d。木兰站汛期日平均水位过程线见图 3-23。

（5）中游通河水文站。水位于 8 月 3 日起涨，8 月 10 日达到警戒水位，8 月 28 日 7 时洪峰水位 105.59m，超过警戒水位 1.19m，超过保证水位 0.09m，洪峰流量 12200m³/s，水位、流量分别列 1951 年有实测资料以来第 3 位和第 2 位，洪峰持续时间 24h，9 月 12 日退至警戒水位以下，超警历时 30d。通河站汛期日平均水位、流量过程线见图 3-24。

（6）中游依兰水文站。水位于 8 月 5 日起涨，8 月 23 日达到警戒水位，8 月 30 日 17 时洪峰水位 98.01m，超过警戒水位 1.21m，洪峰流量 13810m³/s，水位、流量分别列 1950 年有实测资料以来第 3 位和第 2 位，洪峰持续时间 6h，9 月 8 日退至警戒水位以下，超警历时 17d。依兰站汛期日平均水位、流量过程线见图 3-25。

（7）中游控制站佳木斯水文站。水位于 8 月 5 日起涨，8 月 16 日达到警戒水位，8 月 30 日 23 时洪峰水位 79.85m，超过警戒水位 0.85m，洪峰流量 13480m³/s，水位、流量均列 1953 年有实测资料以来第 6 位，洪峰持续时间 9h，9 月 9 日退至警戒水位以下，超警历时 26d。佳木斯站汛期日平均水位、流量过程线见图 3-26。

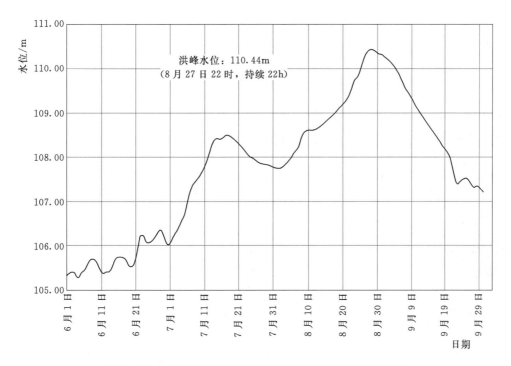

图 3-23　2013 年汛期松花江干流木兰站日平均水位过程线

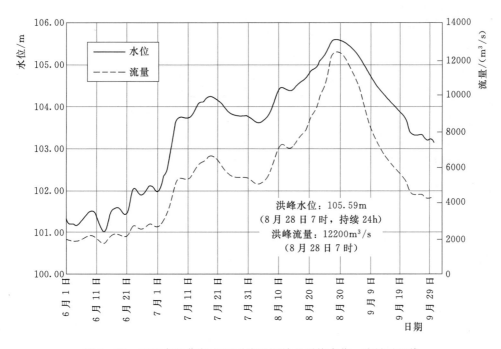

图 3-24　2013 年汛期松花江干流通河站日平均水位、流量过程线

（8）下游富锦水位站。水位于 8 月 8 日起涨，8 月 15 日达到警戒水位，9 月 2 日 16 时洪峰水位 60.86m，超过警戒水位 0.76m，水位列 1949 年有实测资料以来第 3 位，洪峰

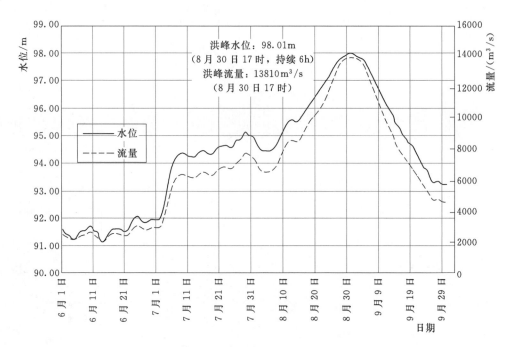

图 3-25　2013 年汛期松花江干流依兰站日平均水位、流量过程线

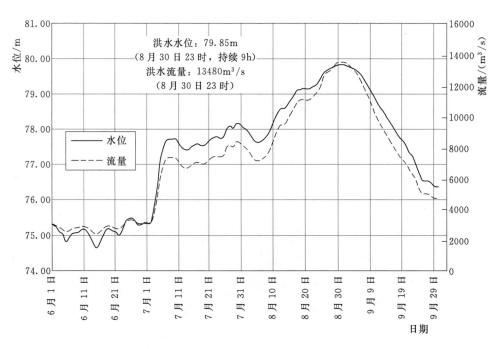

图 3-26　2013 年汛期松花江干流佳木斯站日平均水位、流量过程线

持续时间 5h，9 月 13 日退至警戒水位以下，超警历时 30d。富锦站汛期日平均水位过程
线见图 3-27。

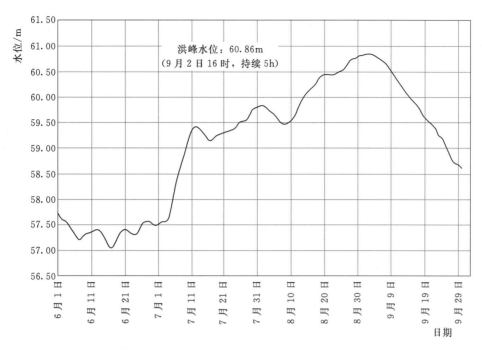

图 3-27 2013年汛期松花江干流富锦站日平均水位过程线

（四）代表站汛期径流量

根据多年资料统计，嫩江、第二松花江、松花江干流汛期径流主要集中在8月，9月、7月次之，6月最少，2013年基本符合这个规律。

2013年，嫩江干流代表站汛期来水总量245.7亿～332.6亿 m^3，比多年同期偏多124%～159%，其中8月来水量118.7亿～163.4亿 m^3，接近总量的50%，比多年同期偏多197%～226%；第二松花江代表站汛期来水总量175.5亿 m^3，比多年同期偏多65%，其中8月来水量61.3亿 m^3，接近总量的35%，比多年同期偏多54%；松花江干流代表站汛期来水总量506.3亿～752.1亿 m^3，比多年同期偏多100%～122%，其中8月来水量188亿～273.2亿 m^3，接近总量的40%，比多年同期偏多108%～130%。嫩江、第二松花江、松花江干流主要控制站汛期径流量统计见表3-2。

二、黑龙江

2013年汛期，黑龙江发生流域性大洪水，其中上游发生10年一遇较大洪水；受呼玛河、结雅河、逊毕拉河、布列亚河等支流洪水影响，中游卡伦山—萝北段发生20～50年一遇大洪水；松花江洪水汇入后，中游同江—抚远段发生超100年一遇特大洪水。干流呼玛县至抚远县近1200km河段全线超过警戒水位。黑龙江干流主要控制站洪水特征统计表详见表3-3。

（一）额尔古纳河洪水

额尔古纳河位于黑龙江上游右岸，为黑龙江南源，是中俄界河。2013年汛期额尔古纳河中国境内支流海拉尔河、根河均发生大洪水。

海拉尔河控制站坝后水文站集水面积占海拉尔河流域的79%，该站8月4日14时洪

表 3 - 2 　　　　　　　　　　　　松花江干流主要控制站汛期径流量统计

河名	站名	项目	6月	7月	8月	9月	6—9月
嫩江	同盟	2013年径流量/亿 m³	34	57	118.7	36	245.7
		径流量多年均值/亿 m³	17.3	29.6	37.1	25.7	109.7
		距平/%	96.7	92.8	219.6	40	124
嫩江	江桥	2013年径流量/亿 m³	38.4	76.6	163.4	54.2	332.6
		径流量多年均值/亿 m³	19.2	35.7	55	37.7	147.6
		距平/%	100	114.7	197.1	43.6	125
嫩江	大赉	2013年径流量/亿 m³	29.55	61.60	156.15	80.09	327.39
		径流量多年均值/亿 m³	14.75	26.01	47.94	38.10	126.49
		距平/%	100	137	226	110	159
第二松花江	扶余	2013年径流量/亿 m³	25.8	49.7	61.3	38.7	175.5
		径流量多年均值/亿 m³	12.9	21.2	39.7	32.8	106.6
		距平/%	100	134	54	18	65
松花江	哈尔滨	2013年径流量/亿 m³	57.3	112.5	188	148.5	506.3
		径流量多年均值/亿 m³	32.5	49.1	84.3	72.6	238.5
		距平/%	76	129	123	105	112
松花江	依兰	2013年径流量/亿 m³	65.8	165.5	257.9	221.1	710.3
		径流量多年均值/亿 m³	44.6	67.3	111.9	95.6	319.4
		距平/%	48	146	130	131	122
松花江	佳木斯	2013年径流量/亿 m³	73.6	182.1	273.2	223.2	752.1
		径流量多年均值/亿 m³	54.5	80.8	131.4	109.6	376.3
		距平/%	35	125	108	104	100

注　各站径流量多年均值统计至 2013 年。

表 3-3

2013 年汛期黑龙江干流主要控制站洪水特征统计

河名	站名	2013 年最高水位 数值/m	2013 年最高水位 出现时间	2013 年最大流量 数值/(m³/s)	2013 年最大流量 出现时间	历史最高水位 数值/m	历史最高水位 出现时间（年-月-日）	历史最大流量 数值/(m³/s)	历史最大流量 出现时间（年-月-日）	警戒水位/m	超警历时/d	最高水位持续时间/h	水位历史排位
黑龙江	洛古河	306.99	8 月 17 日 20 时	5680	8 月 17 日 20 时	311.69	1994-05-05	9660	1988-07-30	308.78	—	—	—
黑龙江	开库康	96.32	8 月 18 日 8 时			98.86	1984-08-08			96.50	—	—	19
黑龙江	呼玛	100.51	8 月 18 日 2 时	11200		103.31	1958-07-18	22100	1958-07-18	99.50	22	9	9
黑龙江	三道卡	99.97	8 月 16 日 14 时	13600		102.80	1958-07-19	22200	1958-07-19	98.00	24	27	7
黑龙江	上马厂	129.17	8 月 16 日 18 时	13500	8 月 16 日 18 时	128.09	1998-06-30	12600	1998-06-30	128.38	17	21	1
黑龙江	黑河	97.62	8 月 16 日 15 时	12100		99.13	1958-07-20	22500	1958-07-20	96.00	24	25	4
黑龙江	卡伦山	126.05	8 月 16 日 14 时	25700	8 月 16 日 14 时	123.61	1998-06-30	17000	1998-06-30	124.31	35	10	1
黑龙江	胜利屯	118.41	8 月 18 日 2 时	28400	—	118.81	1984-08-16			116.00	27	24	2
黑龙江	奇克	100.30	8 月 18 日 5 时	23900		100.61	1958-07-23	27200	1958-07-23	98.50	27	27	3
黑龙江	乌云	100.25	8 月 20 日 12 时	29200		100.40	1984-08-20	30000	1984-08-20	97.50	28	3	2
黑龙江	嘉荫	100.88	8 月 23 日 18 时	29200		100.47	1984-08-22	27900	1984-08-22	97.00	29	10	1
黑龙江	萝北	99.85	8 月 25 日 0 时	28400		99.57	1984-08-23	23700	1984-08-23	97.80	28	8	1
黑龙江	同江	56.06	8 月 29 日 5 时			54.98	1984-08-24	28900	1984-08-24	54.00	48	60	1
黑龙江	勤得利	48.65	8 月 28 日 23 时	40000		47.15	1984-08-26	27800	1984-08-26	46.35	45	84	1
黑龙江	抚远	43.43	9 月 2 日 0 时	40800		41.88	1984-08-29	27800	1984-08-29	41.05	47	48	1

注　表中空格是指呼玛、三道卡、嘉荫、萝北、乌云、黑河、奇克、勤得利、抚远等站洪峰流量为分析成果，故无最大流量出现时间；"—"是指该观测站 2013 年未发生超警洪水。

峰水位 500.47m，洪峰流量 1630m³/s，水位、流量均列 1954 年有实测资料以来第 1 位。坝后站汛期日平均水位、流量过程线见图 3-28。

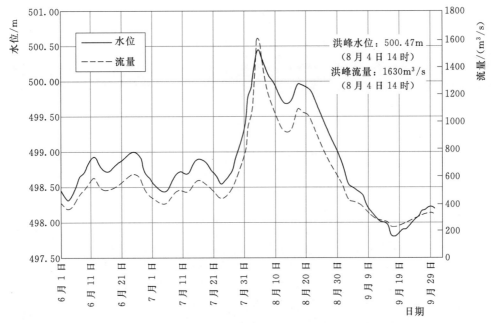

图 3-28　2013 年汛期海拉尔河坝后站日平均水位、流量过程线

根河控制站拉布达林水文站集水面积占根河流域的 85%，该站 7 月 31 日 10 时洪峰水位 99.83m，洪峰流量 3690m³/s，水位、流量均列 1996 年有实测资料以来第 1 位。拉布达林站汛期日平均水位、流量过程线见图 3-29。

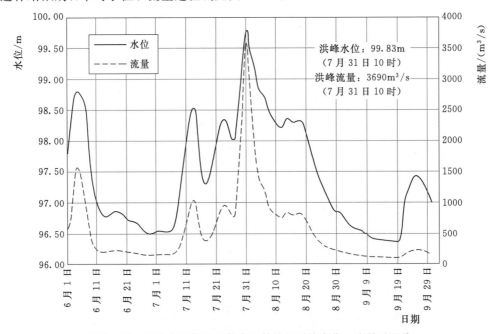

图 3-29　2013 年汛期根河拉布达林站日平均水位、流量过程线

受干支流来水影响，额尔古纳河干流奇乾水文站 8 月 4 日洪峰水位 102.34m，洪峰流量 3000m³/s；奥洛奇水位站（俄罗斯）8 月 5 日洪峰水位 7.27m，水位列 1960 年有实测资料以来第 2 位。奇乾站汛期日平均水位、流量过程线见图 3-30，奥洛奇站日平均水位过程线见图 3-31。

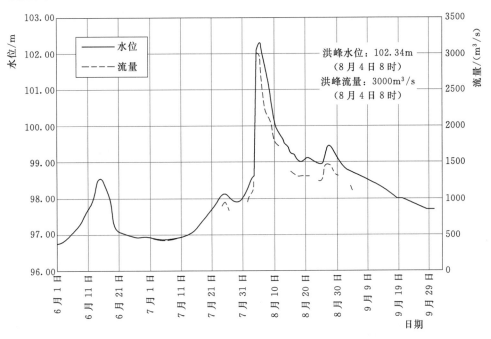

图 3-30　2013 年汛期额尔古纳河奇乾站日平均水位、流量过程线

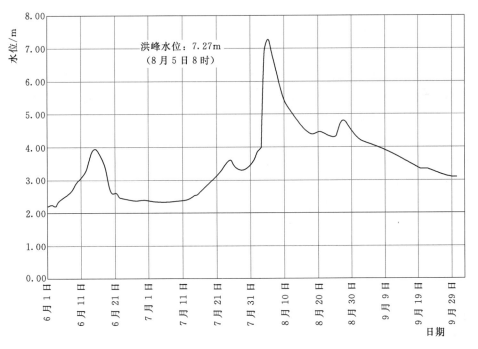

图 3-31　2013 年汛期额尔古纳河奥洛奇站（俄罗斯）日平均水位过程线

（二）呼玛河洪水

呼玛河是黑龙江上游右侧支流，在呼玛和三道卡水位站之间汇入黑龙江干流，控制站呼玛桥水文站集水面积占呼玛河流域的99.7%，该站汛期先后出现5次洪水过程，洪峰分别出现在6月4日、7月15日、7月24日、8月4日和8月16日，其中6月4日17时最高洪峰水位94.92m，超过警戒水位0.92m，相应洪峰流量2930m³/s，最高水位、流量分别列1983年有实测资料以来第3位和第4位。呼玛桥站汛期日平均水位、流量过程线见图3-32。

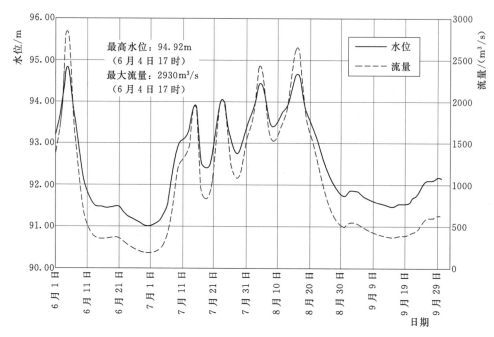

图3-32　2013年汛期呼玛河呼玛桥站日平均水位、流量过程线

（三）结雅河洪水

结雅河为黑龙江左侧支流，在黑河水位站和卡伦山水文站之间汇入黑龙江干流。2013年结雅河洪水主要来源有2个，一是结雅河上游结雅水库以上来水，由于水库调控，没有对下游造成较大影响；二是结雅河中下游以及支流谢列姆札河来水，据统计这一区域7月1日至8月24日降雨量达500～550mm，是造成结雅河洪水的主要来源。

1. 上游结雅水库

结雅水库集水面积占结雅河流域的36%，该站8月1日12时最大日入库流量11700m³/s，8月20日8时最大日出库流量4981m³/s，8月19日8时最高库水位319.53m。结雅水库汛期日平均洪水过程线见图3-33。

2. 中游库赫帖林卢格水位站

受结雅水库调度影响，中游库赫帖林卢格站共发生2次较明显的洪水过程，洪水过程洪峰分别出现在8月7日、8月19日，洪峰水位分别为10.32m、10.61m，最高水位列1968年有实测资料以来第3位。库赫帖林卢格站汛期日平均水位过程线见图3-34。

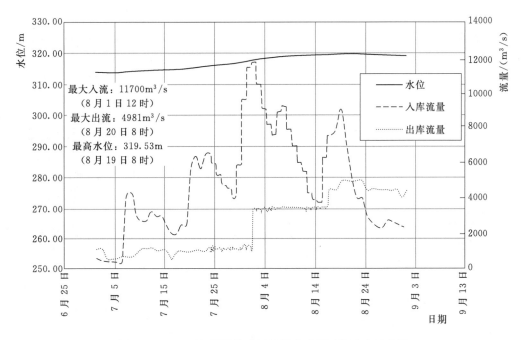

图 3-33　2013 年汛期结雅河结雅水库日平均洪水过程线

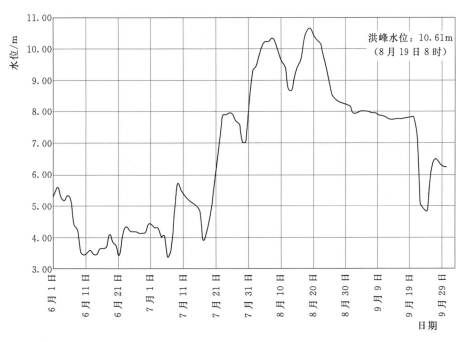

图 3-34　2013 年汛期结雅河库赫帖林卢格站日平均水位过程线

3. 下游别洛戈里耶水文站

结雅河下游别洛戈里耶站集水面积占结雅河流域的 98%，受干支流及支流谢列姆札河来水影响，该站共发生 6 次明显的洪水过程，洪峰分别出现在 6 月 6 日、6 月 21 日、7 月 15 日、7 月 29 日、8 月 15 日、8 月 24 日，洪峰水位分别为 6.52m、5.22m、4.77m、

6.37m、8.05m、8.19m。8月24日8时最高洪峰水位8.19m，相应洪峰流量14500m³/s，最高水位列1933年有实测资料以来第3位，最大流量列1956年有实测资料以来第2位。别洛戈里耶站汛期日平均水位、流量过程线见图3-35。

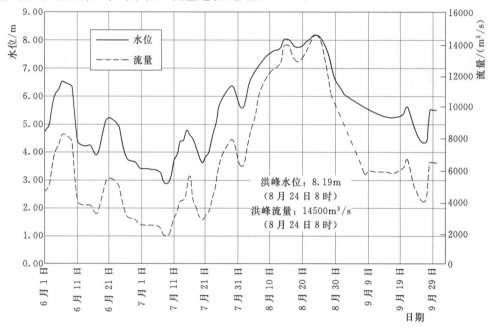

图3-35　2013年结雅河别洛戈里耶站日平均水位、流量过程线

（四）逊毕拉河洪水

逊毕拉河是黑龙江中游右侧支流，在奇克和乌云水位站之间汇入黑龙江干流，控制站双河屯水文站集水面积占全流域的99.7%，该站汛期有一次复式洪水过程，8月13日5时洪峰水位90.42m，超过警戒水位1.42m，洪峰流量1710m³/s，水位、流量分别列1959年有实测资料以来第5位和第6位。双河屯站汛期日平均水位、流量过程线见图3-36。

（五）布列亚河洪水

布列亚河为黑龙江中游左侧支流，在乌云水位站以上汇入黑龙江干流。

1. 上游布列亚水库

布列亚水库集水面积占布列亚河流域的92%，8月15日8时出现最大日入库流量5390m³/s，8月21日8时最大日出库流量3668m³/s，8月19日8时最高库水位255.59m。布列亚水库汛期日平均水位、流量过程线见图3-37。

2. 下游卡缅卡水文站

受布列亚水库调度影响，卡缅卡站共出现2次洪水过程，第一次洪水过程水位自6月3日起涨，6月20日8时洪峰水位4.05m，洪峰流量3850m³/s；第二次洪水过程水位自7月28日起涨，8月20日8时洪峰水位3.98m，洪峰流量3740m³/s。卡缅卡站汛期逐日平均水位、流量过程线见图3-38。

（六）乌苏里江洪水

乌苏里江位于黑龙江右岸，是中俄界河。2013年4—6月，乌苏里江干流受流域内融

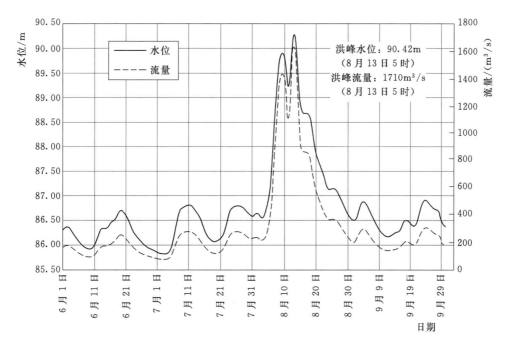

图 3 - 36   2013 年逊毕拉河双河屯站日平均水位、流量过程线

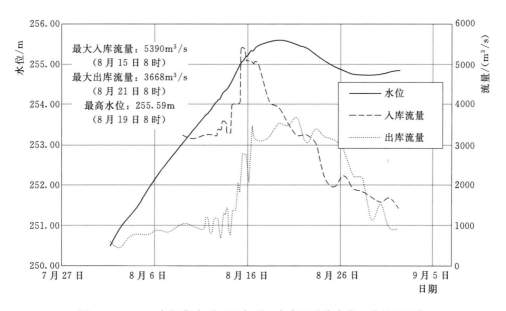

图 3 - 37   2013 年汛期布列亚河布列亚水库日平均水位、流量过程线

雪径流影响产生一次明显涨水过程，造成汛期底水偏高。虽然整个汛期流域内干支流来水比较平稳，但由于黑龙江洪水顶托，乌苏里江下游海青水位站 8 月 19 日达到警戒水位，9 月 2 日 23 时最高水位 101.77m，超过警戒水位 1.47m，列 1956 年有实测资料以来第 1 位，9 月 17 日退至警戒水位以下，超警历时 30d。海青站汛期日平均水位过程线见图 3 -39。

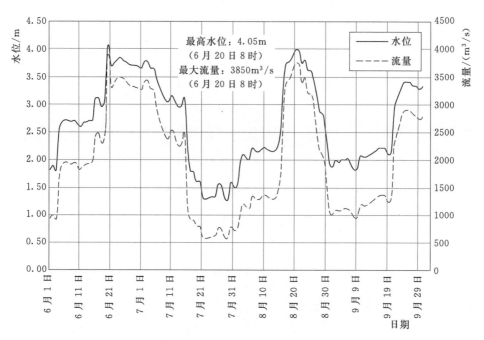

图 3-38 2013 年汛期布列亚河卡缅卡站逐日平均水位、流量过程线

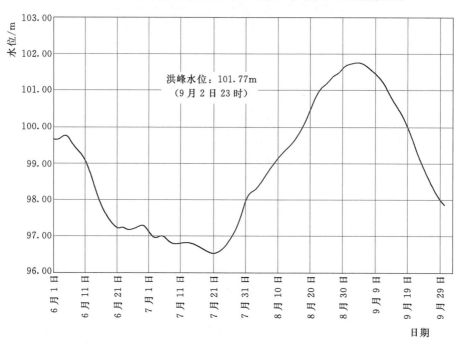

图 3-39 2013 年汛期乌苏里江海青站日平均水位过程线

（七）黑龙江干流洪水

2013 年黑龙江干流洪水传播演进过程中有两个明显的节点：一是结雅河洪水汇入后洪水量级由中洪水发展为大洪水；二是松花江洪水汇入后再次发展为特大洪水，每个节点流量增加 10000m³/s 以上。

1. 上游洪水

黑龙江上游出现多次涨水过程，受区间降雨及呼玛河等支流来水影响，各站最大洪峰出现时间集中在 8 月 16—18 日，为 10 年一遇中洪水，呼玛以下超警戒水位 0.79～1.62m，超警历时 17～24d。

（1）洛古河水文站。8 月 17 日 20 时洪峰水位 306.99m，低于警戒水位，洪峰流量 5310m³/s。洛古河站汛期日平均水位、流量过程线见图 3-40。

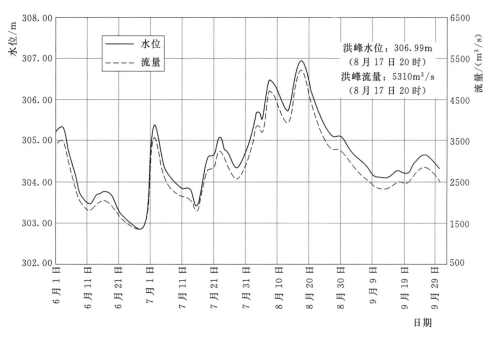

图 3-40 2013 年汛期黑龙江洛古河站日平均水位、流量过程线

（2）呼玛水位站。水位于 7 月 30 日起涨，8 月 2 日达到警戒水位，8 月 18 日 2 时洪峰水位 100.51m，超过警戒水位 1.01m，超过保证水位 0.01m，洪峰持续时间 9h，8 月 23 日退至警戒水位以下，超警历时 22d。呼玛站汛期日平均水位过程线见图 3-41。

（3）上马厂水文站。水位于 8 月 1 日起涨，8 月 5 日达到警戒水位，8 月 16 日 18 时洪峰水位 129.17m，超过警戒水位 0.79m，洪峰流量 13500m³/s，水位、流量分别列 1987 年有实测资料以来第 1 位和第 2 位，洪峰持续时间 21h，8 月 26 日退至警戒水位以下，超警历时 17d。上马厂站汛期日平均水位、流量过程线见图 3-42。

（4）黑河水位站。水位于 8 月 1 日起涨，8 月 4 日达到警戒水位，8 月 16 日 15 时洪峰水位 97.62m，超过警戒水位 1.62m，超过保证水位 0.22m，水位列 1952 年有实测资料以来第 4 位，洪峰持续时间 25h，8 月 27 日退至警戒水位以下，超警历时 24d。黑河站汛期日平均水位过程线见图 3-43。

2. 中游卡伦山—萝北段洪水

卡伦山—萝北段发生 20～50 年一遇大洪水，超过警戒水位 1.74～3.88m，超警历时 27～35d。

（1）卡伦山水文站。水位于 7 月 21 日起涨，7 月 25 日达到警戒水位，7 月 31 日退至

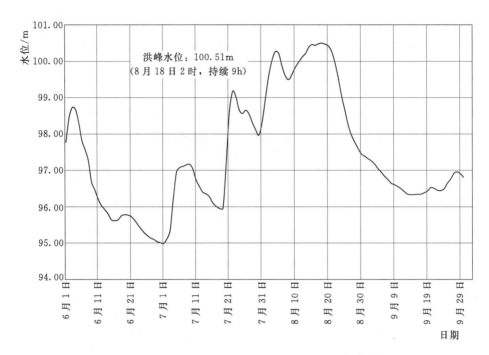

图 3-41 2013 年汛期黑龙江呼玛站日平均水位过程线

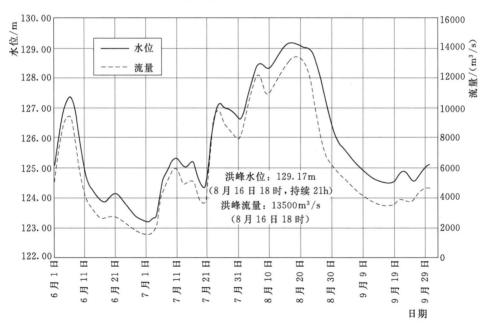

图 3-42 2013 年汛期黑龙江上马厂站日平均水位、流量过程线

警戒水位以下，8 月 1 日复涨，8 月 2 日再次达到警戒水位，8 月 16 日 14 时洪峰水位 126.05m，超过警戒水位 1.74m，洪峰流量 25700m³/s，水位、流量均列 1987 年有实测 资料以来第 1 位，最高水位持续时间 10h，8 月 30 日退至警戒水位以下，超警历时 35d。 卡伦山站汛期日平均水位、流量过程线见图 3-44。

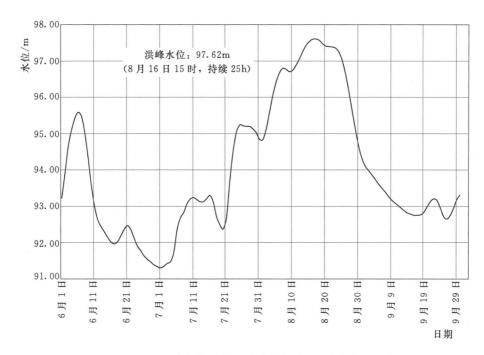

图 3-43　2013 年汛期黑龙江干流黑河站日平均水位过程线

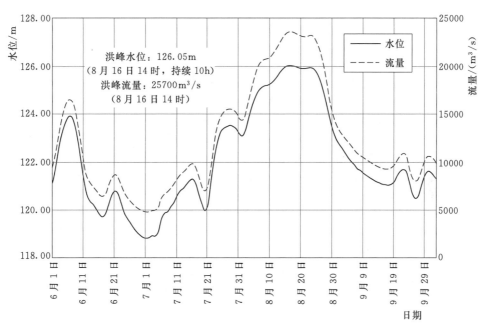

图 3-44　2013 年汛期黑龙江干流卡伦山站日平均水位、流量过程线

　　(2) 胜利屯水位站。水位于 7 月 22 日起涨，7 月 25 日达到警戒水位，8 月 18 日 2 时洪峰水位 118.41m，超过警戒水位 2.41m，超过保证水位 1.41m，水位列 1974 年有实测资料以来第 2 位，最高水位持续时间 24h，9 月 1 日退至警戒水位以下，超警历时 39d。

　　(3) 奇克水位站。水位于 7 月 22 日起涨，8 月 5 日达到警戒水位，8 月 18 日 5 时洪峰水位 100.30m，超过警戒水位 1.80m，超过保证水位 0.80m，水位列 1951 年有实测资料以来第 3 位，最高水位持续时间 27h，8 月 31 日退至警戒水位以下，超警历时 27d。

（4）乌云水位站。水位于 7 月 24 日起涨，8 月 7 日达到警戒水位，8 月 20 日 12 时洪峰水位 100.25m，超过警戒水位 2.75m，超过保证水位 1.25m，水位列 1951 年有实测资料以来第 2 位，最高水位持续时间 3h，9 月 3 日退至警戒水位以下，超警历时 28d。

（5）嘉荫水位站。水位于 7 月 23 日起涨，8 月 7 日达到警戒水位，8 月 23 日 18 时洪峰水位 100.88m，超过警戒水位 3.88m，超过保证水位 1.38m，水位列 1956 年有实测资料以来第 1 位，最高水位持续时间 10h，9 月 4 日退至警戒水位以下，超警历时 29d。

（6）太平沟水文站。水位于 7 月 25 日起涨，8 月 24 日 20 时洪峰水位 103.85m，洪峰流量 29500m³/s。

（7）萝北水位站。水位于 7 月 24 日起涨，8 月 9 日达到警戒水位，8 月 25 日 0 时洪峰水位 99.85m，超过保证水位 2.05m，超过保证水位 1.10m，估算流量 29600m³/s，水位列 1952 年有实测资料以来第 1 位，最高水位持续时间 8h，9 月 5 日退至警戒水位以下，超警历时 28d。

奇克、乌云、嘉荫、萝北等站汛期日平均水位过程线见图 3-45。

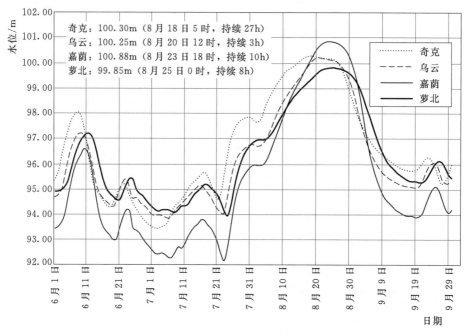

图 3-45　2013 年汛期黑龙江奇克、乌云、嘉荫、萝北等站日平均水位过程线

3. 中游同江—抚远段洪水

同江—抚远段发生超 100 年一遇特大洪水，超过警戒水位 2.06～2.38m，超警历时 45～48d。

（1）同江水位站。水位于 7 月 26 日起涨，7 月 31 日达到警戒水位，8 月 29 日 5 时洪峰水位 56.06m，超过警戒水位 2.06m，超过保证水位 1.26m，最高水位持续时间 60h，9 月 16 日退至警戒水位以下，超警历时 48d。同江站汛期日平均水位过程线见图 3-46。

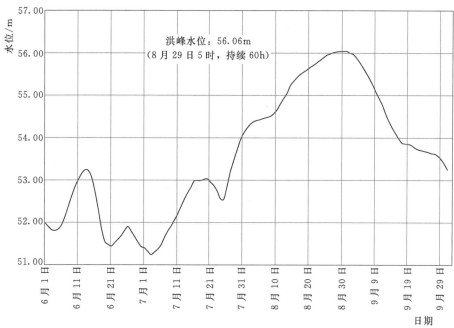

洪峰水位：56.06m
（8月29日5时，持续60h）

图 3-46　2013年汛期黑龙江干流同江站逐日平均水位过程线

（2）勤得利水位站。水位于7月27日起涨，8月3日达到警戒水位，8月28日23时洪峰水位48.65m，超过警戒水位2.30m，水位列1967年有实测资料以来第1位，最高水位持续时间84h，9月16日退至警戒水位以下，超警历时45d。勤得利站汛期日平均水位过程线见图3-47。

（3）抚远水位站。水位于7月28日起涨，8月5日达到警戒水位，9月2日0时洪峰水位43.43m，超过警戒水位2.38m，超过保证水位1.88m，估算流量40800m³/s，最高水位持续时间48h，9月20日退至警戒水位以下，超警历时47d。抚远站汛期日平均水位过程线见图3-48。

4. 干流洪水传播特性

选取有实测资料5个大水年份分析计算黑龙江干流各江段峰现时间差，详见表3-4。

表 3-4　　　　黑龙江干流较大洪水各江段峰现时间差与传播时间统计　　　　单位：h

河段	1958年	1959年	1972年	1984年	2013年	传播时间
漠河—开库康	22	43	(48)	43	42	22~48
开库康—呼玛	77	52	47	84	132	47~84
呼玛—三道卡	21	18	(48)	42	39	18~48
三道卡—黑河	31	(24)	(36)	34	1	24~36
黑河—奇克	83	(66)	(48)	75	38	48~83
奇克—乌云	71	(30)	(36)	59	55	30~71
乌云—嘉荫	49	48	(48)	49	75	48~75
嘉荫—萝北	48	12	24	25	27	12~48
萝北—勤得利	(144)	—	(72)	85	95	72~95
勤得利—抚远		—	48	60	97	48~60

注　带括号数值表示上、下游的峰现时间至少有1个没有精确到小时。勤得利站1967年建站，抚远1959年无资料。

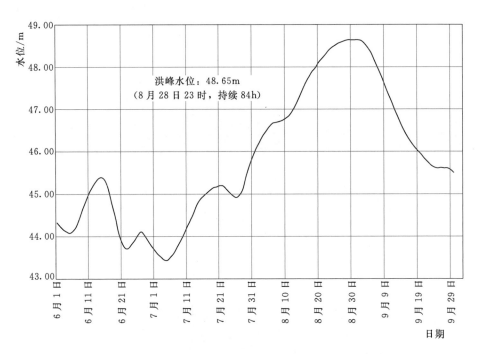

图 3-47　2013 年汛期黑龙江干流勤得利站逐日平均水位过程线

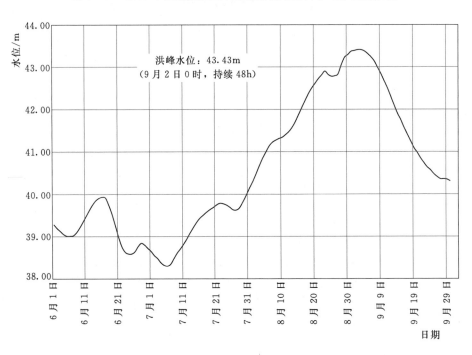

图 3-48　2013 年汛期黑龙江干流抚远站逐日平均水位过程线

从表 3-4 可以看出，2013 年黑龙江洪水各河段峰现时间差基本符合洪水波传播时间
规律，其中开库康—呼玛、三道卡—黑河、黑河—奇克、勤得利—抚远等 4 个江段峰现时
间差有明显异常，主要原因如下：

（1）呼玛站洪峰由干支流洪水及区间来水组合而成，其中干流洪水垫底，支流与区间洪水造峰，洪峰时间拖后，导致开库康—呼玛段峰现时间差增大。

（2）黑河站与奇克站之间有结雅河汇入，由于2013年结雅河洪水比黑龙江干流洪水提前汇入，二者量级接近，导致黑河站受结雅河洪水顶托洪峰提前出现，奇克站由结雅河洪水形成洪峰，使三道卡—黑河、黑河—奇克段峰现时间间隔减小。

（3）由于黑龙江、松花江洪水水量充足，同江以下江段比降小、断面宽等原因，勤得利站最高水位持续时间达84h，抚远站最高水位持续时间48h，特别是勤得利与抚远之间的八岔段发生溃口，使抚远站峰现时间拖后，以上因素综合导致勤得利—抚远段峰现时间差增大。

（八）代表站汛期径流量

黑龙江汛期径流主要集中在8月。上游代表站汛期来水总量299.2亿~635.3亿 m^3，比多年同期偏多44%~85%，其中8月来水量108.5亿~268亿 m^3，约占总量的40%，比多年同期偏多72%~170%；黑河—同江段代表站汛期来水总量1312.1亿~1570.7亿 m^3，比多年同期偏多83%~107%，其中8月来水量549.1亿~608亿 m^3，接近总量的40%，比多年同期偏多141%~213%；同江—抚远段代表站汛期来水总量2330.1亿 m^3，比多年同期偏多85%，其中8月、9月来水量774.1亿 m^3、715.4亿 m^3，分别占总量的33%、31%，比多年同期偏多106%、109%。

黑龙江干流主要控制站汛期径流量统计见表3-5。

表3-5　　　　　　　黑龙江干流主要控制站汛期径流量特征统计

河名	站名	项目	6月	7月	8月	9月	6—9月
黑龙江干流	洛古河	2013年径流量/亿 m^3	53.4	69.9	108.5	67.4	299.2
		多年均值/亿 m^3	39.4	55.7	62.9	49.2	207.3
		距平/%	36	25	72	37	44
黑龙江干流	上马厂	2013年径流量/亿 m^3	110.9	147.5	268.0	109.1	635.5
		多年均值/亿 m^3	74.6	90.8	99.1	79.8	344.4
		距平/%	49	62	170	37	85
黑龙江干流	卡伦山	2013年径流量/亿 m^3	241.1	255.0	549.1	267.0	1312.1
		多年均值/亿 m^3	144.4	163.7	175.2	151.9	635.1
		距平/%	67	56	213	76	107
黑龙江干流	萝北	2013年径流量/亿 m^3	313.6	273.2	608.0	375.8	1570.7
		多年均值/亿 m^3	193.6	202.5	252.0	211.5	859.7
		距平/%	62	35	141	78	83
黑龙江干流	抚远	2013年径流量/亿 m^3	412.1	428.5	774.1	715.4	2330.1
		多年均值/亿 m^3	259.2	281.2	375.0	342.1	1257.6
		距平/%	59	52	106	109	85

注　各站多年均值统计至2013年，萝北站、抚远站为水位站，各月径流量是通过水位流量关系线求得。

三、洪水特点

2013 年黑龙江流域洪水具有如下特点：

（一）洪水发生时间早、底水高

2013 年黑龙江流域洪水出现时间较常年明显提前，5 月 13 日黑龙江上游支流额木尔河发生历史第 2 位洪水，5 月 30 日黑龙江上游支流盘古河、呼玛河发生洪水，6 月 4 日呼玛河发生历史第 3 位洪水，6 月上旬黑龙江干流欧浦—萝北段出现第一次洪水过程，比正常年份提前 1 个月左右。由于 2012 年冬季降雪大，2013 年春季大范围降雨发生时间早，导致各江河汛前水位普遍偏高，据统计，6 月 1 日，黑龙江干流、额尔古纳河、结雅河、布列亚河、乌苏里江、嫩江、松花江、第二松花江代表站水位比多年同期偏高 0.24～2.22m，其中结雅河、乌苏里江、嫩江、黑龙江干流水位均偏高 1m 以上，见表 3-6。

表 3-6 主要江河代表站 6 月 1 日水位对比

河流	站名	水位/mm		
		2013 年	多年平均值	对比
黑龙江	漠河	93.33	91.97	1.36
	黑河	93.13	92.31	0.82
	萝北	94.91	93.99	0.92
	勤得利	44.36	42.14	2.22
	抚远	39.31	37.32	1.99
乌苏里江	海青	99.66	97.6	2.06
松花江	佳木斯	75.33	74.94	0.39
第二松花江	扶余	130.9	130.41	0.49
嫩江	库漠屯	231.6	230.27	1.33
	同盟	167.42	166.45	0.97
	江桥	136.38	135.29	1.09
额尔古纳河	奥洛奇	2.21	1.53	0.68
结雅河	别洛戈里耶	4.77	3.59	1.18
布列亚河	卡缅卡	1.81	1.57	0.24

（二）洪水发生范围广、次数多

黑龙江干流及支流额尔古纳河、额木尔河、盘古河、呼玛河、结雅河、逊毕拉河、布列亚河、松花江、乌苏里江，额尔古纳河支流海拉尔河、根河，松花江支流嫩江、第二松花江、呼兰河、汤旺河，乌苏里江支流挠力河、穆棱河，均发生中等以上洪水，洪水范围几乎包括黑龙江流域的上中游干支流，是一场典型的流域性洪水。黑龙江干流上马厂、卡伦山、嘉荫、萝北、同江、勤得利、抚远，乌苏里江干流海青，嫩江干流库漠屯，拉林河大碾子沟、老街基，呼兰河陈家店，海拉尔河坝后，根河拉布拉林等共计 14 个水文（位）站出现有实测资料以来第 1 位水位（流量）；黑龙江干流乌云，嫩江干流齐齐哈尔、富拉尔基、江桥、大赉，松花江干流肇源、木兰、通河、依兰，结雅河别洛戈里耶，额尔古纳河奥洛奇，额木尔河西林吉，科洛河科后，讷谟尔河德都，穆棱河湖北闸，辰清河清溪，通肯河青冈，二道松花江汉阳屯等共计 18 个水文（位）站出现有实测资料以来第 2 位水位（流量）。

黑龙江支流额木尔河、盘古河、呼玛河、逊毕拉河，嫩江支流多布库尔河、甘河、科洛河，呼兰河支流欧根河、努敏河、通肯河，汤旺河支流西南岔河先后出现了 2～5 次洪水过程；黑龙江干流上游出现 5 次洪水过程，在干支流洪水遭遇叠加后，洪水量级逐渐增大，至奇克段演化为 3 次洪水过程，至嘉荫段演化为 2 次洪水过程，萝北以下江段只有 1 次长达 2 个月以上的洪水过程。洪水次数比正常年份明显偏多。

2013 年汛期黑龙江流域发生洪水的河流分布见图 3-49（见文后彩插）。

（三）干支流洪水遭遇、洪峰量级大

5 个大水年中，黑龙江上游洪水与结雅河、布列亚河洪水遭遇较为常见，如 1958 年、1959 年、1972 年、1984 年洪水，但这些年份松花江均未发生较大洪水。2013 年黑龙江干流、结雅河、布列亚河、松花江同时发生洪水，详见表 3-7。

表 3-7 黑龙江干支流主要控制站大洪水年洪峰流量统计

河段	控制站	1958 年		1959 年		1972 年		1984 年		2013 年	
		洪峰流量/(m³/s)	出现日期	洪峰流量/(m³/s)	出现日期	洪峰流量/(m³/s)	出现日期	洪峰流量/(m³/s)	出现日期	洪峰流量/(m³/s)	出现日期
黑龙江上游	漠河	21500	7 月 13 日	9230	8 月 4 日	3470	8 月 29 日	8170	8 月 6 日	5310	8 月 17 日
结雅河	别洛戈里耶	12300	7 月 25 日	13800	9 月 9 日	22500	8 月 1 日	12900	8 月 13 日	14500	8 月 24 日
黑龙江中游	奇克	30000	7 月 23 日	23700	9 月 1 日	22700	8 月 4 日	24000	8 月 18 日	23900	8 月 18 日
布列亚河	卡缅卡					17700	7 月 8 日	8240	8 月 7 日	3850	6 月 20 日
黑龙江中游	乌云	27000	7 月 27 日	26900	9 月 12 日	27200	8 月 6 日	29800	8 月 20 日	29200	8 月 20 日
	萝北	23800	7 月 31 日	23600	9 月 14 日	23700	8 月 9 日	26900	8 月 23 日	28400	8 月 25 日
松花江	佳木斯	4410	4 月 21 日	5120	9 月 1 日	5940	8 月 4 日	7130	9 月 13 日	13600	8 月 30 日
黑龙江中游	抚远	24800	8 月 6 日			25900	8 月 14 日	28100	8 月 29 日	40800	9 月 2 日

注 表中空格处表示无实测或调查资料；漠河、奇克、乌云、萝北、抚远洪峰流量为分析求得，非实测。

2013 年，黑龙江干流上马厂站洪峰流量 13500m³/s，最大 30d 洪量 267.3 亿 m³；结雅河别洛戈里耶站洪峰流量 14500m³/s，最大 30d 洪量 309.8 亿 m³；松花江佳木斯站洪峰流量 13480m³/s，最大 30d 洪量 305.3 亿 m³；布列亚河卡缅卡站洪峰流量 3850m³/s，最大 30d 洪量 55.3 亿 m³。黑龙江上游、结雅河、松花江的洪峰、30d 洪量基本接近，干支流洪水叠加，洪峰量级沿程增大：上游洪水重现期不到 10 年，结雅河汇入后增加到 20～30 年，布列亚河汇入后增加到 30～50 年，松花江汇入后洪水重现期超过 100 年，这种极端不利的洪水组合十分罕见。

由于干支流洪水叠加，2013 年黑龙江洪水峰高量大，与 1958 年相比，奇克以下各站水位偏高 0.55～2.12m；与 1984 年相比，乌云以下各站水位偏高 0.28～1.55m，见表 3-8。

表 3-8　　　　　　　2013 年黑龙江干流中游各站洪峰水位与 1958 年、1984 年对比　　　　　单位：m

站名	2013 年洪峰水位	1958 年洪峰		1984 年洪峰	
		洪峰水位	差值	洪峰水位	差值
奇克	100.30	100.61	−0.31	100.33	−0.03
乌云	100.25	99.70	0.55	100.40	−0.15
嘉荫	100.88	100.11	0.77	100.47	0.41
萝北	99.85	98.94	0.91	99.57	0.28
勤得利	48.65			47.15	1.50
抚远	89.88	87.76	2.12	88.33	1.55

注　表中空格表示无实测或调查资料。

（四）洪水总量大、高水时间长

由于连续发生洪水，江河底水逐渐抬高，高水位持续时间长，特别是黑龙江干流各站洪水峰型宽大，涨洪历时长、退水过程缓，高水位持续时间长。据统计：奇克—萝北江段最高水位持续时间 3～27h，超警戒水位历时 27～35d，与 1984 年相比多 7～13d，萝北站最大 60d 洪量 1015 亿 m³，比 1984 年多 22%；同江—抚远江段最高水位持续时间 48～84h，超警戒水位历时 45～48d，与 1984 年相比多 28～31d，抚远站最大 60d 洪量 1527 亿 m³，比 1984 年多 37%。

2013 年与 1984 年黑龙江中游主要站超警时间对比见图 3-50，萝北、抚远站洪水过程对比见图 3-51 和图 3-52。

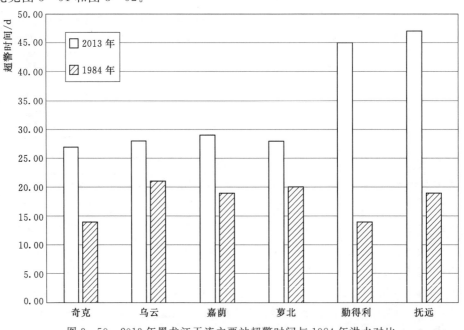

图 3-50　2013 年黑龙江干流主要站超警时间与 1984 年洪水对比

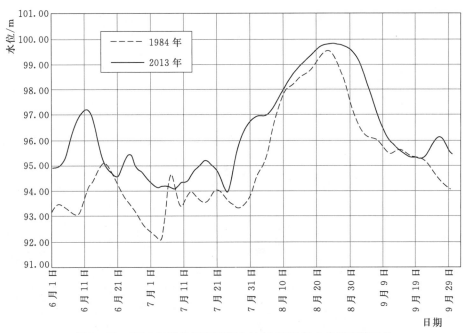

图 3-51　2013年黑龙江干流萝北站与1984年水位过程线对比

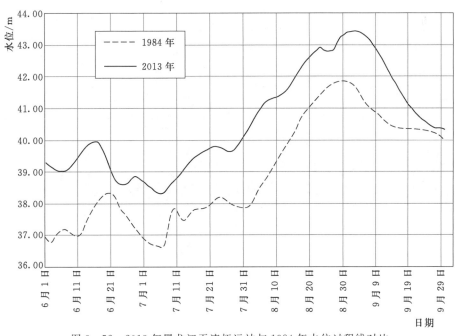

图 3-52　2013年黑龙江干流抚远站与1984年水位过程线对比

第二节　洪　水　组　成

根据洪水过程特点，分析计算尼尔基水库最大 7d、15d 入库洪量，嫩江干流富拉尔基、江桥、大赉站，松花江干流哈尔滨、佳木斯站最大 25d、30d 洪量，黑龙江萝北、抚远站最大 30d、60d 洪量的组成。经计算，2013 年汛期黑龙江抚远站洪水，松花江贡献最大，占 34%，其次为结雅河，占 30%，第三为黑龙江上游，占 26%。

一、松花江

（一）嫩江干流

1.尼尔基水库

尼尔基水库洪水由上游干流、支流甘河和科洛河及干流库漠屯站—科洛河科后站—甘河柳家屯站—尼尔基水库区间（简称"库—科—柳—尼区间"）来水组成。经分析计算，尼尔基水库最大入库洪峰组成中，上游干流占 44.4%、甘河占 15.6%、科洛河占 8.3%、库—科—柳—尼区间占 31.7%；最大 7d、15d 洪量中，上游干流分别占 53.9%、50.2%，甘河分别占 25.4%、26.7%，科洛河分别占 10.3%、11.4%，库—科—柳—尼区间分别占 10.4%、11.7%。详见表 3-9 和图 3-53。

表 3-9　　　　　　　　2013 年尼尔基水库最大入库洪峰流量及最大 7d、15d 洪量组成

河名	站名	入库洪峰流量		7d 洪量		15d 洪量		流域面积	
		数值 /(m³/s)	占尼尔基 水库/%	数值 /亿 m³	占尼尔基 水库/%	数值 /亿 m³	占尼尔基 水库/%	数值/km²	占尼尔 基水库 /%
嫩江	库漠屯	4190	44.4	20.77	53.9	33.50	50.2	32229	48.6
甘河	柳家屯	1470	15.6	9.75	25.4	17.80	26.7	19665	29.6
科洛河	科后	790	8.3	3.98	10.3	7.60	11.4	7310	11.0
库—科—柳 —尼区间		2990	31.7	4.00	10.4	7.79	11.7	7178	10.8
嫩江	尼尔基水库	9440	100	38.50	100	66.69	100	66382	100

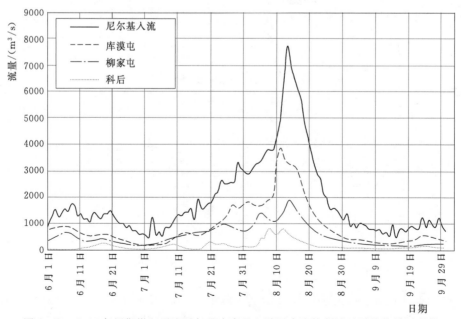

图 3-53　2013 年汛期嫩江干流尼尔基水库及上游干支流控制站日平均流量过程线

2. 富拉尔基水文站

富拉尔基站洪水由尼尔基水库出流及右侧支流诺敏河、左侧支流讷谟尔河、乌裕尔河和干流尼尔基站—讷谟尔河德都站—诺敏河古城子站—乌裕尔河依安大桥站—干流富拉尔基站区间（简称"尼—德—古—依—富区间"）来水组成。经分析计算，富拉尔基站洪峰组成中，尼尔基水库出流占66.7%、诺敏河占23.1%、其余仅占10.2%；最大15d、30d洪量中，尼尔基水库出流分别占70.7%、66.9%，诺敏河分别占17.8%、22.1%，其余分别占11.5%、11.0%。详见表3-10和图3-54。

表3-10　　　　　　　　　2013年富拉尔基站最大洪峰流量及最大15d、30d洪量组成

河名	站名	洪峰流量		15d洪量		30d洪量		流域面积	
		数值/(m³/s)	占富拉尔基/%	数值/亿m³	占富拉尔基/%	数值/亿m³	占富拉尔基/%	数值/km²	占富拉尔基/%
嫩江	尼尔基	5637	66.7	58.83	70.7	91.46	66.9	66382	53.6
诺敏河	古城子	1948	23.1	14.78	17.8	30.29	22.1	25292	20.4
讷谟尔河	德都	402	4.8	4.57	5.5	6.53	4.8	7200	5.8
乌裕尔河	依安大桥	301	3.6	3.01	3.6	4.84	3.5	8224	6.6
尼—德—古—依—富区间		162	1.8	2.03	2.4	3.67	2.7	16813	13.6
嫩江	富拉尔基	8450	100	83.22	100	136.79	100	123911	100

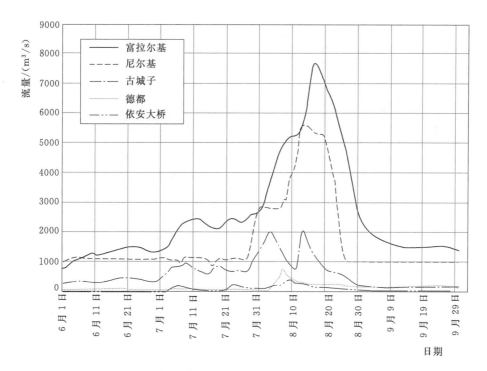

图3-54　2013年汛期嫩江干流富拉尔基站及上游干支流控制站日平均流量过程线

3. 江桥水文站

江桥站洪水由上游干流及右侧支流雅鲁河、罕达罕河、绰尔河和干流富拉尔基站—雅鲁河碾子山站—罕达罕河景星站—绰尔河两家子站—干流江桥站区间（简称"富—碾—景—两—江区间"）来水组成。经分析计算，江桥站洪峰组成中，上游干流占 86.2%、其余仅占 13.8%；最大 15d、30d 洪量中，上游干流分别占 88.1%、84.4%，其余分别占 11.9%、15.6%。详见表 3-11 和图 3-55。

表 3-11　　　　　2013 年江桥站最大洪峰流量及最大 15d、30d 洪量组成

河名	站名	洪峰流量		15d 洪量		30d 洪量		流域面积	
		数值/(m³/s)	占江桥/%	数值/亿 m³	占江桥/%	数值/亿 m³	占江桥/%	数值/km²	占江桥/%
嫩江	富拉尔基	7157	86.2	83.10	88.1	135.11	84.4	123911	76.2
雅鲁河	碾子山	594	7.2	5.74	6.1	12.97	8.1	13567	8.3
罕达罕河	景星	45	0.5	0.76	0.8	1.85	1.2	4104	2.5
绰尔河	两家子	408	4.9	3.60	3.8	7.26	4.5	15544	9.6
富—碾—景—两—江区间		97	1.2	1.10	1.2	2.89	1.8	5443	3.4
嫩江	江桥	8300	100	94.30	100	160.08	100	162569	100

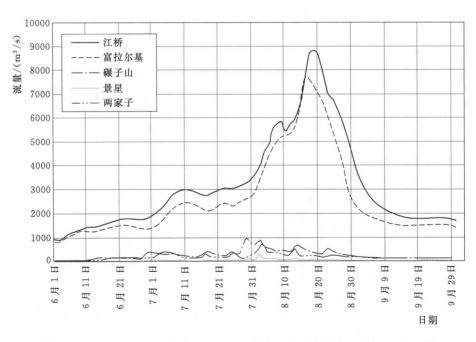

图 3-55　2013 年汛期嫩江干流江桥站及上游干支流控制站日平均流量过程线

4. 大赉水文站

大赉站洪水基本来自上游干流，支流洮儿河及干流江桥站—洮儿河月亮泡水库站—干

流大赉站区间（简称"江—月—大区间"）来水非常小。经分析计算，大赉站洪峰组成中，上游干流占98.6%。由于江—月—大区间来水量很小，加上河道坦化作用明显，出现大赉站洪峰流量比上游江桥站洪峰流量要小。最大15d、30d洪量中，上游干流分别占97.7%、96.6%，其余分别占2.3%、3.4%。详见表3-12和图3-56。

表3-12　　　　　　　　2013年大赉站最大洪峰流量及最大15d、30d洪量组成

河名	站名	洪峰流量		15d洪量		30d洪量		流域面积	
		数值/(m³/s)	占大赉/%	数值/亿m³	占大赉/%	数值/亿m³	占大赉/%	数值/km²	占大赉/%
嫩江	江桥	7595	98.6	93.66	97.7	155.91	96.6	162569	73.3
洮儿河	月亮泡水库	0	0	1.18	1.2	3.79	2.3	33070	14.9
江—月—大区间		110	1.4	0.99	1.1	1.64	1.1	26076	11.8
嫩江	大赉	7700	100	95.83	100	161.34	100	221715	100

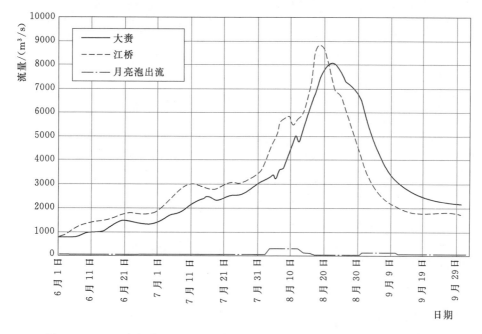

图3-56　2013年汛期嫩江干流大赉站及上游干支流控制站日平均流量过程线

（二）松花江干流

1. 哈尔滨水文站

哈尔滨站洪水由嫩江、第二松花江、支流拉林河及嫩江大赉站—第二松花江扶余站—拉林河蔡家沟站—松花江哈尔滨站区间（简称"大—扶—蔡—哈区间"）来水组成。经分析计算，哈尔滨站洪峰组成中，嫩江、第二松花江、其余分别占72.8%、23.2%、4.0%；最大15d、30d洪量中，嫩江分别占72.1%、70.7%，第二松花江分别占24.0%、25.7%，其余分别占3.9%、3.6%。详见表3-13和图3-57。

表 3 – 13 **2013 年哈尔滨站最大洪峰流量及最大 15d、30d 洪量组成**

河名	站名	洪峰流量		15d 洪量		30d 洪量		流域面积	
		数值 /(m³/s)	占哈尔滨 /%	数值 /亿 m³	占哈尔滨 /%	数值 /亿 m³	占哈尔滨 /%	数值/km²	占哈尔滨 /%
嫩江	大赉	7424	72.8	86.99	72.1	146.82	70.7	221715	56.9
第二松花江	扶余	2364	23.2	28.97	24.0	53.48	25.7	77400	19.9
拉林河	蔡家沟	398	3.9	4.37	3.6	6.84	3.3	18330	4.7
大—扶—蔡—哈区间		14	0.1	0.31	0.3	0.61	0.3	72324	18.5
松花江	哈尔滨	10200	100	120.64	100	207.75	100	389769	100

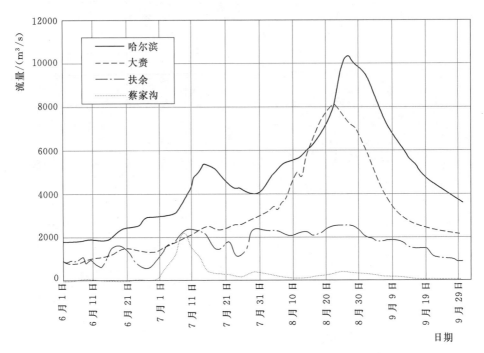

图 3 – 57　2013 年汛期松花江干流哈尔滨站及上游干支流控制站日平均流量过程线

2. 佳木斯水文站

佳木斯站洪水由上游干流和支流呼兰河、蚂蚁河、牡丹江、倭肯河、汤旺河及干流哈尔滨站—呼兰河兰西站—蚂蚁河莲花站—牡丹江长江屯站—汤旺河晨明站—干流佳木斯站区间（简称"哈—兰—莲—长—晨—佳区间"）来水组成。经分析计算，佳木斯站洪峰组成中，上游干流占 72.6%，呼兰河占 14.9%，其余占 12.5%；最大 15d、30d 洪量中，上游干流分别占 69.1% 和 65.1%，呼兰河分别占 13.7% 和 11.5%，其余分别占 17.2% 和 23.4%。详见表 3 – 14 和图 3 – 58。

二、黑龙江

（一）卡伦山水文站

卡伦山站洪水由上游干流、支流结雅河以及干流上马厂站—结雅河别洛戈里耶站—干

表 3-14　　　　　　　　　　**2013 年佳木斯站最大洪峰流量及最大 15d、30d 洪量组成**

河名	站名	洪峰流量		15d 洪量		30d 洪量		流域面积	
		数值 /(m³/s)	占佳木斯 /%	数值 /亿 m³	占佳木斯 /%	数值 /亿 m³	占佳木斯 /%	数值/km²	占佳木斯 /%
松花江	哈尔滨	9793	72.6	115.20	69.1	198.77	65.1	389769	73.8
呼兰河	兰西	2012	14.9	22.82	13.7	35.21	11.5	27736	5.3
蚂蚁河	莲花	344	2.6	5.63	3.4	10.93	3.6	10425	2.0
牡丹江	长江屯	665	4.9	11.62	7.0	28.43	9.3	35879	6.8
倭肯河	倭肯	8	0.1	0.08	0.0	0.38	0.1	4185	0.8
汤旺河	晨明	513	3.8	8.58	5.1	23.56	7.7	19186	3.6
哈—兰—莲—长— 晨—佳区间		145	1.1	2.74	1.7	7.99	2.7	41097	7.7
松花江	佳木斯	13480	100	166.67	100	305.27	100	528277	100

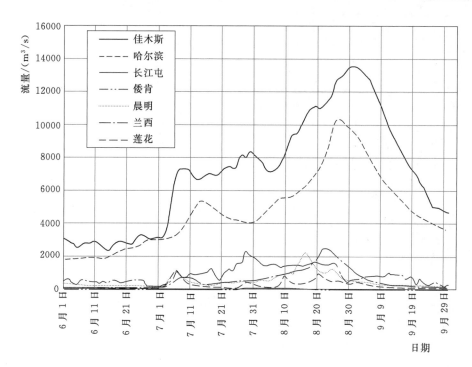

图 3-58　2013 年汛期松花江干流佳木斯站及上游干支流控制站日平均流量过程线

流卡伦山站区间（简称"上—别—卡区间"）来水组成。经分析计算，卡伦山站洪峰组成中，上游干流占 44.7%，结雅河占 51.1%，上—别—卡区间占 4.2%；最大 30d、60d 洪量分别为 536.03 亿 m³ 和 844.89 亿 m³，其中上游干流来水分别占 45.4% 和 45.2%，结雅河来水分别占 52.8% 和 52.8%，上—别—卡区间来水分别占 1.8%、2.0%。详见表 3-15 和图 3-59。

表 3-15　　　　　　　　　　2013 年卡伦山站最大洪峰流量及最大 30d、60d 洪量组成

河名	站名	洪峰流量		30d 洪量		60d 洪量		流域面积	
		数值/(m³/s)	占卡伦山/%	数值/亿 m³	占卡伦山/%	数值/亿 m³	占卡伦山/%	数值/km²	占卡伦山/%
黑龙江	上马厂	11483	44.7	243.58	45.4	382.15	45.2	491000	67.7
结雅河	别洛戈里耶	13123	51.1	283.09	52.8	445.86	52.8	207000	28.6
上—别—卡区间		1094	4.2	9.36	1.8	16.88	2.0	27000	3.7
黑龙江	卡伦山	25700	100	536.03	100	844.89	100	725000	100

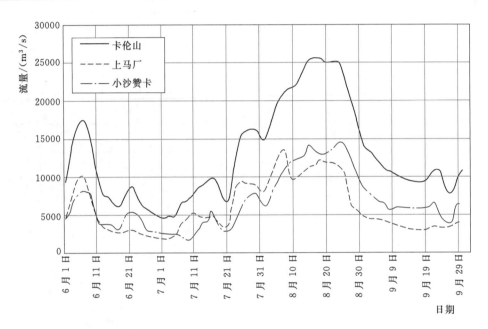

图 3-59　2013 年汛期黑龙江干流卡伦山站及上游干支流控制站日平均流量过程线

（二）萝北水位站

萝北水位站没有流量观测资料，本次计算洪水组成时，采用水位流量关系线插补计算流量。

萝北站洪水由上游干流、支流逊毕拉河和布列亚河以及干流卡伦山站—逊毕拉河双河屯站—布列亚河卡缅卡站—干流萝北站区间（简称"卡—双—卡—萝区间"）来水组成。经分析计算，萝北站洪峰组成中，上游干流占 77.4%，布列亚河占 11.9%，逊毕拉河占 3.5%，卡—双—卡—萝区间占 7.2%；最大 30d、60d 洪量分别为 649.47 亿 m³ 和 1014.60 亿 m³，其中上游干流来水分别占 81.6%、82.4%，布列亚河来水分别占 8.5%、8.5%，逊毕拉河来水分别占 2.7%、2.2%，卡—双—卡—萝区间来水分别占 7.2%、6.9%。详见表 3-16 和图 3-60。

（三）抚远水位站

抚远水位站没有流量观测资料，本次计算洪水组成时，采用水位流量关系线插补计算流量。

表 3-16　　　　　　　　2013 年萝北站最大洪峰流量及最大 30d、60d 洪量组成

河名	站名	洪峰流量		30d 洪量		60d 洪量		流域面积	
		数值/(m³/s)	占萝北/%	数值/亿 m³	占萝北/%	数值/亿 m³	占萝北/%	数值/km²	占萝北/%
黑龙江	卡伦山	22900	77.4	529.75	81.6	835.91	82.4	725000	83.9
逊毕拉河	双河屯	1050	3.5	17.45	2.7	22.8	2.2	15652	1.8
布列亚河	卡缅卡	3510	11.9	54.95	8.5	85.76	8.5	67400	7.8
卡—双—卡—萝区间		2140	7.2	47.32	7.2	70.13	6.9	55948	6.5
黑龙江	萝北	29600	100	649.47	100	1014.60	100	864000	100

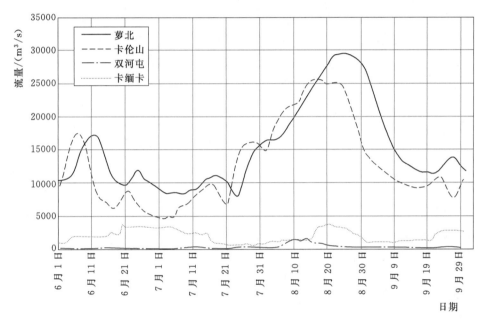

图 3-60　2013 年汛期黑龙江干流萝北站及上游干支流控制站日平均流量过程线

　　抚远站洪水由上游干流、松花江以及干流萝北站—松花江佳木斯站—干流抚远站区间（简称"萝—佳—抚区间"）来水组成。经分析计算，抚远站洪峰组成中，上游干流占71.3%，松花江占 27.7%，萝—佳—抚区间仅占 1%；最大 30d、60d 洪量分别为 919.38亿 m³ 和 1526.69 亿 m³，其中上游干流来水分别占 68.2%、65.6%，松花江来水分别占30.7%、33.1%，萝—佳—抚区间来水分别占 1.1%、1.3%。详见表 3-17 和图 3-61。

表 3-17　　　　　　　　2013 年抚远站最大洪峰流量及最大 30d、60d 洪量组成

河名	站名	洪峰流量		30d 洪量		60d 洪量		流域面积	
		数值/(m³/s)	占抚远/%	数值/亿 m³	占抚远/%	数值/亿 m³	占抚远/%	数值/km²	占抚远/%
黑龙江	萝北	29100	71.3	627.07	68.2	1001.81	65.6	864000	59.5
松花江	佳木斯	11300	27.7	282.01	30.7	505.19	33.1	528277	36.4
萝—佳—抚区间		400	1.0	10.30	1.1	19.69	1.3	58723	4.1
黑龙江	抚远	40800	100	919.38	100	1526.69	100	1451000	100

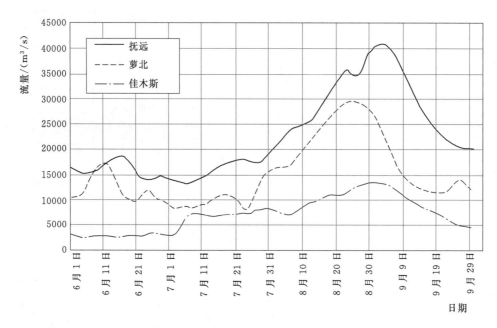

图 3-61　2013 年汛期黑龙江干流抚远站及上游干支流控制站日平均流量过程线

三、洪水组成

分析计算黑龙江上游（上马厂站）、结雅河（别洛戈里耶站）、布列亚河（卡缅卡站）、松花江（佳木斯站）来水占抚远洪水的比例，作为 2013 年黑龙江洪水组成。

抚远站最大 30d 洪量 919.38 亿 m^3 中，上游干流占 26%，结雅河占 33%，布列亚河占 6%，松花江占 31%；最大 60d 洪量 1526.69 亿 m^3 中，上游干流占 26%，结雅河占 30%，布列亚河占 5%，松花江占 34%。详见表 3-18。

表 3-18　　　　　　　　　　　2013 年黑龙江洪水组成统计

河名	站名	30d 洪量		60d 洪量		流域面积	
		数值 /亿 m^3	占抚远 /%	数值 /亿 m^3	占抚远 /%	数值/km^2	占抚远 /%
黑龙江	上马厂	240.9	26	401.4	26	491000	34
结雅河	别洛戈里耶	303.9	33	465.4	30	207000	14
布列亚河	卡缅卡	55.0	6	79.3	5	67400	5
松花江	佳木斯	282.6	31	511.5	34	528277	36
上—别—卡—佳—抚区间		36.98	4	69.09	5	157323	11
黑龙江	抚远	919.38	100	1526.69	100	1451000	100

第三节　水库拦蓄作用分析

2013 年黑龙江流域洪水中，中、俄两国科学调度尼尔基、白山、丰满、结雅、布列亚等 5 座大型水库，发挥了拦洪、削峰、错峰的作用，大大减轻了下游的防洪压力。水库调度后，松花江干流最大流量减少 1500～2310m³/s，最高水位降低 0.34～0.54m；黑龙江干流中游最大流量减少 3800～6200m³/s。

计算中采用马斯京根法分段连续演算，将各水库入库流量、出库流量分别演算至下游各断面，入库、出库流量演算后的流量差叠加到实测过程中，即可得到无水库调度情况下各断面洪水过程。由于黑龙江干流各站为水位站，首先分析水位—流量关系，再将 2013 年实测水位过程转换为流量过程。

一、松花江

尼尔基水库调度后，嫩江干流中下游各站最大流量减少 700～1540m³/s，最高水位降低 0.13～0.35m；白山、丰满水库调度后，第二松花江下游扶余站最大流量减少 4730m³/s，最高水位降低约 2.72m；3 座水库综合作用下，松花江干流最大流量减少 1500～2310m³/s，最高水位降低 0.34～0.54m。

（一）嫩江

2013 年嫩江尼尔基水库发生超 50 年一遇特大入库洪水，水库超汛限水位运行 33d（7月 24 日至 8 月 25 日），最大 6h 平均入库流量 9440m³/s（8 月 12 日 8—14 时），最大 1d 入库洪量 6.7 亿 m³（8 月 12 日），最大 3d 入库洪量 18.4 亿 m³（8 月 12—14 日），最大 7d 入库洪量 38.5 亿 m³（8 月 10—16 日），最大 15d 入库洪量 63.0 亿 m³（8 月 5—19 日），均超过了 1998 年。

2013 年汛期，尼尔基水库总来水量 197.1 亿 m³，总泄水量 179.3 亿 m³，拦蓄水量 17.8 亿 m³，其中主洪过程（7 月 24 日超过汛限水位至 8 月 17 日出现最高水位）拦蓄洪量 15.1 亿 m³。8 月 12 日最大 6h 平均入库流量 9440m³/s，8 月 13 日最大出库流量 5590m³/s，削峰率 42%。通过水库调蓄，削减嫩江中下游干流各站洪峰流量 700～1540m³/s，降低洪峰水位 0.13～0.35m，最大 7d、15d、30d、60d 洪量减少 5.5%～12.8%。

尼尔基水库洪水过程及对嫩江中下游干流的影响见表 3-19 和表 3-20、图 3-62～图 3-66。

表 3-19 　　　　　　　　嫩江主要站实测与还原洪水特征对比

站名	还　　　原			实　　　测			比　　　较	
	最大流量 /(m³/s)	最高水位 /m	出现日期	最大流量 /(m³/s)	最高水位 /m	出现日期	减少流量 /(m³/s)	降低水位 /m
同盟	8860	170.72	8 月 13 日	7320	170.38	8 月 14 日	1540	0.34
富拉尔基	8650	146.11	8 月 16 日	7670	145.76	8 月 17 日	980	0.35
江桥	9670	141.51	8 月 18 日	8780	141.38	8 月 18 日	890	0.13
大赉	8770	132.81	8 月 22 日	8070	132.60	8 月 22 日	700	0.21

注　实测最高水位、最大流量为日均值。

站名	最大 7d 洪量			最大 15d 洪量			最大 30d 洪量			最大 60d 洪量		
	实测/亿 m³	还原/亿 m³	百分比/%	实测/亿 m³	还原/亿 m³	百分比/%	实测/亿 m³	还原/亿 m³	百分比/%	实测/亿 m³	还原/亿 m³	百分比/%
同盟	39.6	45.4	12.8	73.9	81.1	8.9	121.4	131.7	7.8	173.0	192.5	10.1
富拉尔基	43.6	47.9	9.0	83.2	89.3	6.8	136.8	147.4	7.2	197.2	216.1	8.7
江桥	49.8	53.9	7.6	94.3	99.8	5.5	160.1	171.0	6.4	238.9	257.3	7.2
大赉	47.5	51.4	7.6	95.8	102.1	6.2	161.3	172.4	6.4	238.3	257.8	7.6

注　百分比＝(还原－实测)/还原×100。

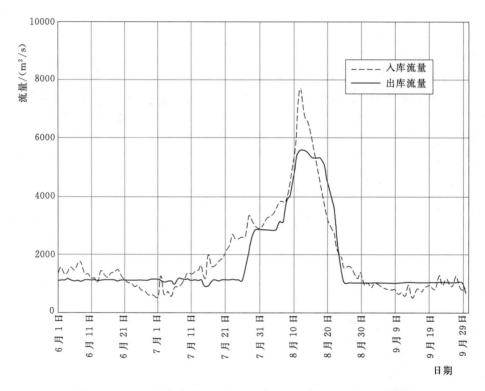

图 3－62　2013 年汛期嫩江尼尔基水库日均入库、出库流量过程线

（二）第二松花江

2013 年第二松花江白山水库发生超 20 年一遇入库洪水，主洪过程（8 月 16 日超过汛限水位至 8 月 22 日出现最高水位）拦蓄水量 4.03 亿 m³。最大 6h 平均入库流量 9220m³/s（8 月 16 日 8—14 时），8 月 17 日 17 时最大出库流量 4083m³/s，削峰率 56%。丰满水库最大 12h 平均入库流量 10600m³/s（8 月 16 日 22 时至 17 日 10 时），8 月 16 日最大日均入库流量 9400m³/s，考虑白山水库的拦蓄作用，还原后丰满水库最大 12h 平均入库流量 16800m³/s，最大日均入库流量 15500m³/s。经白山水库调蓄后，丰满水库的入库洪水由 50 年一遇削减为 10 年一遇。

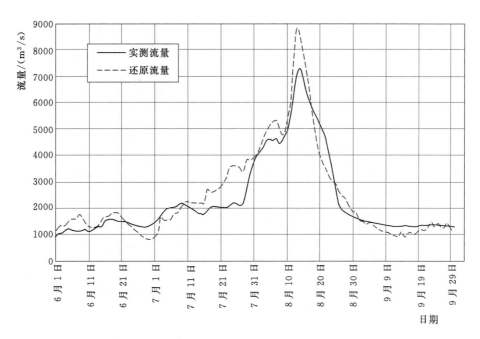

图 3-63　2013 年汛期嫩江同盟站实测、还原日均流量过程线

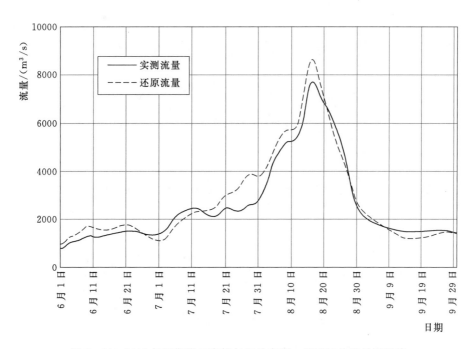

图 3-64　2013 年汛期嫩江富拉尔基站实测、还原日均流量过程线

丰满水库汛期总来水量 147.0 亿 m^3，总泄水量 136.8 亿 m^3，拦蓄水量 10.2 亿 m^3，其中主洪过程（7 月 31 日超过汛限水位至 8 月 22 日出现最高水位）拦蓄洪量 19.6 亿 m^3。最大 12h 入库流量 16800m^3/s，8 月 24 日 20 时最大出库流量 2160m^3/s，削峰率 87%。

通过白山、丰满两座水库联合调度，第二松花江下游扶余站最大流量减少 4730m^3/s，

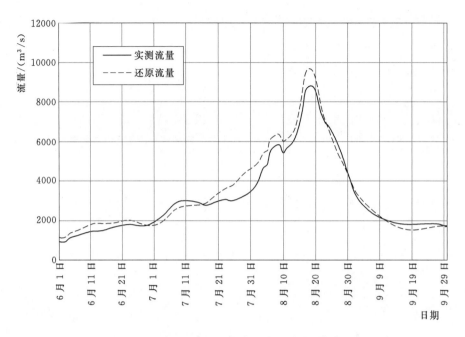

图 3-65　2013 年汛期嫩江江桥站实测、还原日均流量过程线

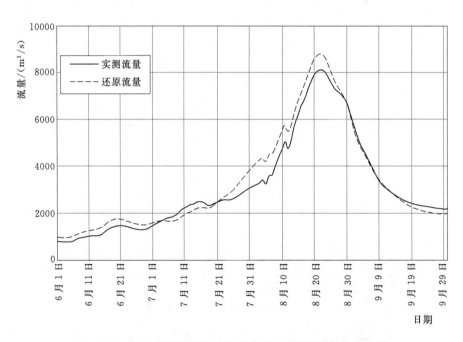

图 3-66　2013 年汛期嫩江大赉站实测、还原日均流量过程线

最高水位降低 2.72m 左右，最大 7d、15d、30d、60d 洪量减少29.2%～60.3%。

白山、丰满水库洪水过程及对第二松花江下游的影响见表 3-21 和表 3-22、图 3-67～图 3-69。

表 3 - 21 第二松花江扶余站实测与还原洪水特征对比

项 目	最大流量/(m³/s)	最高水位/m	出现日期
还原	7280	135.68	8月24日
实测	2550	132.96	8月24日

注 实测最高水位、最大流量为日均值，还原后最大流量超历史，水位估算。

表 3 - 22 2013 年嫩江、第二松花江、松花江主要站扶余站实测与还原洪量对比

项 目	最大7d洪量	最大15d洪量	最大30d洪量	最大60d洪量
还原/亿 m³	38.0	56.6	94.5	154.3
实测/亿 m³	15.1	31.0	59.6	109.2
百分比/%	60.3	45.2	36.9	29.2

注 百分比=（还原－实测）/还原。

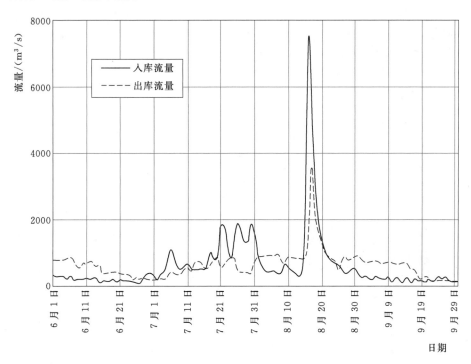

图 3 - 67 2013 年汛期第二松花江白山水库日均入库、出库流量过程线

（三）松花江干流

经尼尔基、白山、丰满水库联合调度后，松花江干流各站最大流量减少 1500～2310m³/s，最高水位降低 0.34～0.69m，最大 7d、15d、30d、60d 洪量减少 9.7%～18.5%。

尼尔基、白山、丰满水库联合调度对松花江干流的影响见表 3-23 和表 3-24。

松花江干流各站点实测洪水与还原洪水过程见图 3-70～图 3-74。

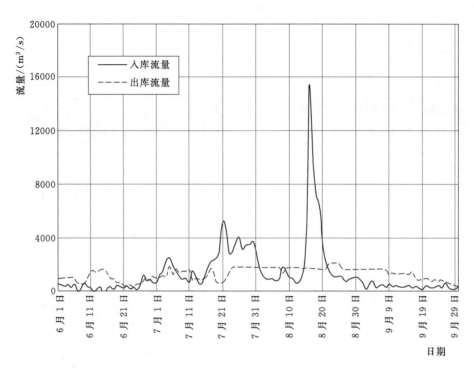

图 3-68　2013 年汛期第二松花江丰满水库日均入库、出库流量过程线

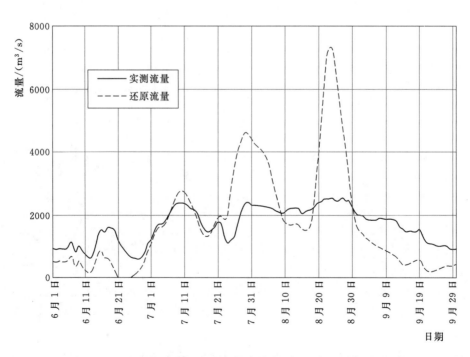

图 3-69　2013 年汛期第二松花江扶余站实测、还原日均流量过程线

表 3 - 23　　　　　　　　嫩江、第二松花江、松花江各站实测与还原洪水特征对比

站名	还原			实测			比较	
	最大流量 /(m³/s)	最高水位 /m	出现日期	最大流量 /(m³/s)	最高水位 /m	出现日期	减少流量 /(m³/s)	降低水位 /m
下岱吉	12300	127.70	8 月 24 日	9990	127.07	8 月 25 日	2310	0.63
哈尔滨	12200	120.02	8 月 26 日	10300	119.48	8 月 27 日	1900	0.54
通河	13900	105.90	8 月 28 日	12400	105.59	8 月 30 日	1500	0.41
依兰	15700	98.68	8 月 30 日	13900	97.99	9 月 1 日	1800	0.69
佳木斯	15200	80.18	8 月 30 日	13500	79.84	9 月 1 日	1700	0.34

注　实测最高水位、最大流量为日均值。

表 3 - 24　　　　　2013 年嫩江、第二松花江、松花江主要站实测与还原洪量对比

站名	最大 7d 洪量			最大 15d 洪量			最大 30d 洪量			最大 60d 洪量		
	实测/ 亿 m³	还原 /亿 m³	百分 比/%	实测 /亿 m³	还原 /亿 m³	百分 比/%	实测 /亿 m³	还原 /亿 m³	百分比 /%	实测 /亿 m³	还原 /亿 m³	百分 比/%
下岱吉	58.6	71.9	18.5	118.3	141.9	16.6	203	242.5	16.3	324.9	381.4	14.8
哈尔滨	60.5	72.0	16.0	120.6	143.1	15.7	207.7	246.5	15.7	334.3	390.2	14.3
通河	73.0	83.1	12.2	145.7	166.6	12.5	249.9	291.2	14.2	404.6	459.0	11.9
依兰	83.5	93.9	11.1	170.6	191.5	10.9	300.3	340.8	11.9	491.2	546.8	10.2
佳木斯	80.7	90.6	10.9	166.7	187.2	11.0	305.3	347.1	12.0	512.5	567.5	9.7

注　百分比=（还原-实测）/还原。

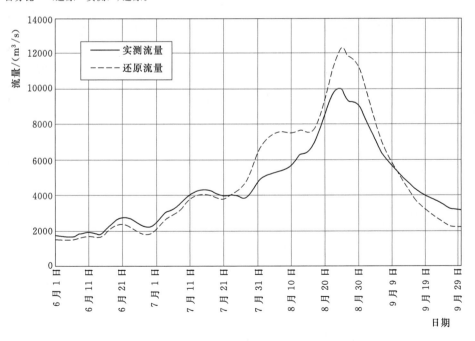

图 3 - 70　2013 年汛期松花江干流下岱吉站实测、还原日均流量过程线

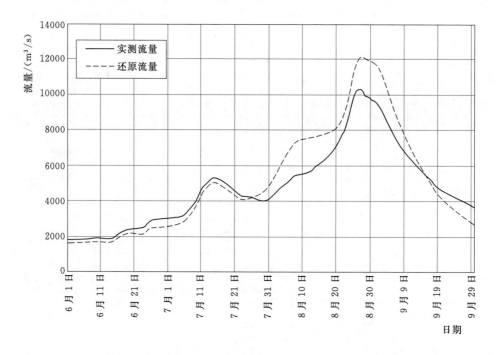

图 3-71　2013 年汛期松花江干流哈尔滨站实测、还原日均流量过程线

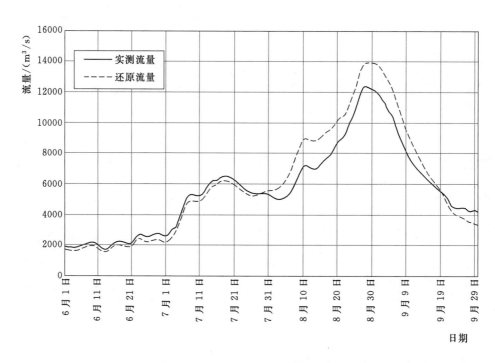

图 3-72　2013 年汛期松花江干流通河站实测、还原日均流量过程线

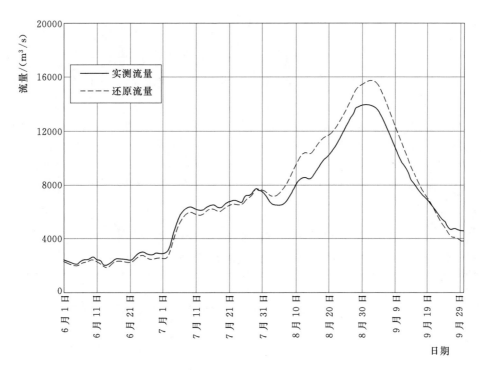

图 3-73　2013 年汛期松花江干流依兰站实测、还原日均流量过程线

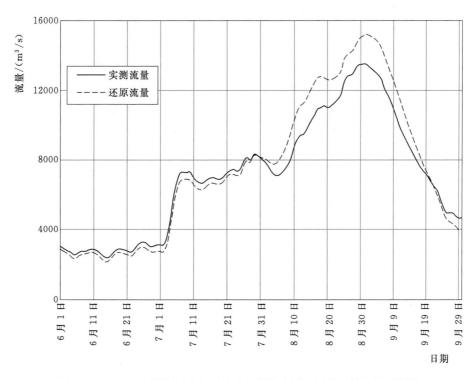

图 3-74　2013 年汛期松花江干流佳木斯站实测、还原日均流量过程线

二、黑龙江

对黑龙江中游卡伦山—萝北段有明显影响的水利工程是俄方两座大型水库——结雅水库与布列亚水库，2013年8月1—31日，结雅水库来水总量153.4亿 m^3，出库总量103.8亿 m^3，拦蓄洪量49.6亿 m^3，8月1日最大入库流量11700m^3/s，8月20日最大出库流量4981m^3/s，削峰率57%；布列亚水库来水总量84.5亿 m^3，出库总量50.2亿 m^3，拦蓄洪量34.3亿 m^3，8月15日最大入库流量5390m^3/s，8月21日最大出库流量3668m^3/s，削峰率32%。对同江以下有明显影响的水利工程包括尼尔基、白山、丰满、结雅、布列亚水库等5座水库。

经分析，水库调度后，黑龙江中游各站最大流量减小3800～6200m^3/s。由于各站均发生超历史洪水，无法分析最高水位。水库调度对黑龙江干流的影响见表3-25。

表3-25 黑龙江中游主要控制站实测与还原洪水特征对比

站名	还原		实测			流量比较	
	最大流量/(m^3/s)	出现日期	最大流量/(m^3/s)	最高水位/m	出现日期	减少流量/(m^3/s)	比例/%
奇克	27700	8月13日	23900	100.30	8月18日	3800	14
乌云	35000	8月17日	29200	100.23	8月20日	5800	17
嘉荫	34500	8月19日	29200	100.87	8月23日	5300	15
萝北	33800	8月20日	28400	99.84	8月25日	5400	16
勤得利	46200	8月24日	40000	48.65	8月28日	6200	13
抚远	46300	8月27日	40800	43.43	9月2日	5500	12

注 各站实测最高水位取日均值，实测最大流量用水位-流量关系线分析，还原后最大流量超历史，无法分析水位。

黑龙江干流各站点还原前、后洪水过程见图3-75～图3-80。

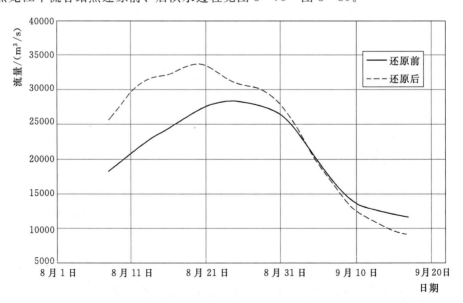

图3-75 2013年汛期黑龙江干流奇克站还原前、后日均流量过程线

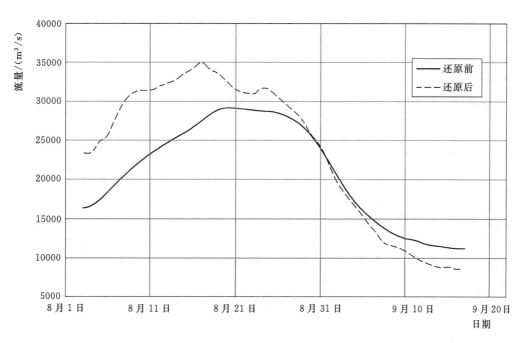

图 3-76   2013 年汛期黑龙江干流乌云站还原前、后日均流量过程线

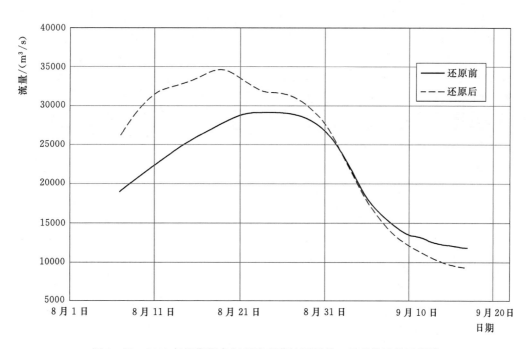

图 3-77   2013 年汛期黑龙江干流嘉荫站还原前、后日均流量过程线

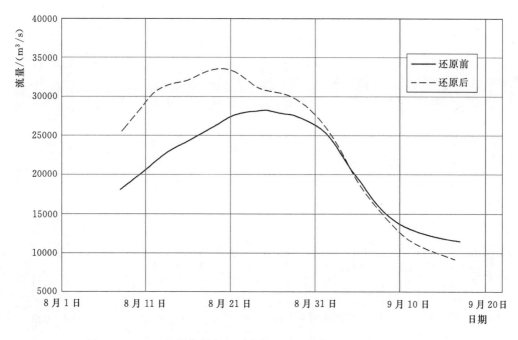

图 3-78　2013 年汛期黑龙江干流萝北站还原前、后日均流量过程线

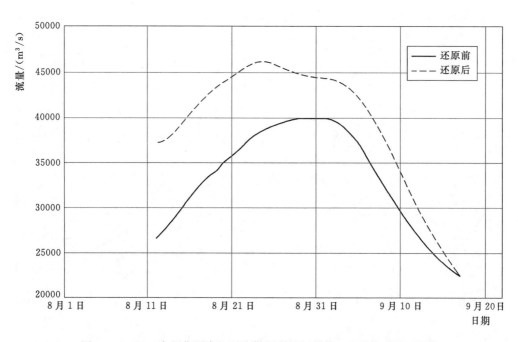

图 3-79　2013 年汛期黑龙江干流勤得利站还原前、后日均流量过程线

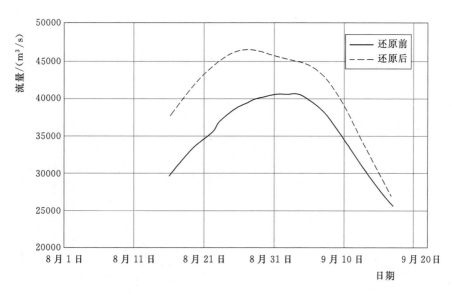

图 3-80 2013 年汛期黑龙江干流抚远站还原前、后日均流量过程线

第四节 洪 水 重 现 期

受资料限制，黑龙江干流主要控制站设计洪水用实测水位资料分析，松花江干支流主要控制站设计洪水仍采用还原后的天然洪峰流量资料分析。

一、松花江

1998 年大水过后，水利部组织有关单位编制了《松花江流域防洪规划》，将洪水资料延长到 1998 年，对松花江流域各主要江河控制站的设计洪水成果作了全面分析和复核，成果已经通过水利部水利水电规划设计总院的正式审查。本次将天然洪峰流量系列延长到 2013 年，再次对审查成果进行复核。

1. 代表站设计洪水

选择江桥、哈尔滨、佳木斯 3 个水文站作为代表站进行分析，根据历史文献、洪水调查和实测资料，代表站历史洪水情况见表 3-26。

表 3-26　　　　　　　　　松花江流域主要代表站历史洪水排位

站名	排位	1	2	3	4	5
江桥	年份	1998	1932	1969	2013	1993
	洪峰流量/(m³/s)	26400	15600	10600	9670	7120
哈尔滨	年份	1998	1932	1957	1991	2013
	洪峰流量/(m³/s)	23500	16200	14300	13500	12200
佳木斯	年份	1932	1998	1960	1991	2013
	洪峰流量/(m³/s)	22900	22700	19000	16020	15200

2014 年，松辽水利委员会水文局与黑龙江省水文局将资料系列延长到 2013 年，对各代表站的设计洪水进行复核，与《松花江流域防洪规划》成果对比（见表 3-27），洪峰流量设计成果变化幅度小于 10%，因此本书扔以规划成果作为依据，分析 2013 年松花江洪水重现期。

表 3-27　　　　　　　松花江流域主要代表站洪峰流量设计成果变化情况

站名	阶段	洪峰流量均值/(m³/s)	C_v	C_s/C_v	不同频率洪峰流量/(m³/s)				
					$P=20\%$	$P=10\%$	$P=5\%$	$P=2\%$	$P=1\%$
江桥	防洪规划成果	3550	1.1	2.5	5380	8300	11400	15700	19000
	2014 年修订	3300	1.1	2.5	5000	7720	10600	14600	17600
	变幅/%				−7	−7	−7	−7	−7
哈尔滨	防洪规划成果	4660	0.85	2.5	6990	9770	12600	16300	19200
	2014 年修订	4600	0.87	2.5	6910	9750	12600	16500	19400
	变幅/%				−1	0	0	1	1
佳木斯	防洪规划成果	7840	0.63	2.5	11200	14400	17500	21500	24500
	2014 年修订	7600	0.62	2.5	10800	13900	16800	20600	23400
	变幅/%				−4	−3	−4	−4	−4

注　变幅＝(2014 年修订−防洪规划成果)/防洪规划成果×100%。

尼尔基水库、丰满水库入库洪峰流量设计成果取最新成果，不再复核，详见表 3-28。

表 3-28　　　　　　　尼尔基、丰满水库入库洪峰流量设计成果情况

站名	洪峰流量均值/(m³/s)	C_v	C_s/C_v	不同频率洪峰流量/(m³/s)					备注
				$P=20\%$	$P=10\%$	$P=5\%$	$P=2\%$	$P=1\%$	
尼尔基水库	2260	0.90	2.5	3410	4860	6340	8330	9840	松辽委 2014 年复核
丰满水库	4930	0.83	2.50	7370	10300	13200	17100	20000	东勘院 2013 年复核

2. 2013 年洪水重现期

经分析，2013 年尼尔基、丰满水库入库洪峰流量重现期超过 50 年，江桥、哈尔滨、佳木斯站洪峰流量重现期 10~20 年，详见表 3-29。

表 3-29　　　　　　　松花江流域主要代表站 2013 年洪峰流量重现期统计

站　名	实测洪峰流量/(m³/s)	还原后洪峰流量/(m³/s)	重现期/a
尼尔基水库	9440	9440	超 50
丰满水库	10600	16800	50
江桥	8300	9670	10
哈尔滨	10200	12200	近 20
佳木斯	13480	15200	10

二、黑龙江

1. 设计洪水

2013 年大洪水后，黑龙江省水利水电勘测设计研究院对黑龙江干流洪水重现期进行

了重新复核，根据各站插补延长后的洪水系列和历史洪水调查资料，最终确定各站设计洪水成果。

2. 2013 年洪水重现期

根据设计洪水成果，分析 2013 年黑龙江洪水重现期，黑龙江上游干流洪水重现期为10 年，中游干流黑河—同江段洪水重现期为 20~50 年，中游干流勤得利—抚远段洪水重现期超过 100 年。2013 年黑龙江干流主要代表站洪水重现期见表 3-30。

表 3-30　　　　　　　　黑龙江干流主要代表站设计洪水成果

站名	2013 年洪水		2013 年洪水重现期/a
	最高水位/m	流量/(m³/s)	
上马厂	129.17	12100	接近 10
卡伦山	126.05	23500	接近 20
奇克	100.30		接近 20
乌云	100.25		30~50
嘉荫	100.88		30~50
萝北	99.85		接近 50
勤得利	48.65		超过 100
抚远	89.88		超过 100

第五节　与历史洪水比较

一、松花江

松花江流域洪水中，1998 年排历史第 1 位，其次是 1932 年。1998 年及以前的典型洪水，已经在《1998 年松花江暴雨洪水》一书中进行了详细的分析。2013 年洪水是 1998 年以来的最大洪水，本次仅比较 2013 年与 1998 年洪水情况。

(一) 嫩江

与 1998 年相比，2013 年嫩江洪水过程单一、量级小，属于两种截然不同的洪水组合。

1. 洪水过程

2013 年，嫩江流域只有 1 场洪水过程，干流各站洪水组成中，均以干流为主，支流为辅，洪水过程单一。而 1998 年洪水相对复杂，干流富拉尔基站以上有 2 次洪水过程，江桥站以下有 3 次洪水过程，上游的第 1 次、2 次洪水过程之间，由于支流雅鲁河、罕达罕河、绰尔河、阿伦河发生 1 次洪水过程，使江桥站以下增加了 1 次短暂的洪水过程。2013 年与 1998 年主要站水位、流量对比见图 3-81~图 3-85，洪水过程对比见表 3-31。

2. 洪水组成

从本章第二节分析可知，2013 年嫩江洪水以同盟站以上来水为主，1998 年洪水过程以嫩江上游及右侧雅鲁河、绰尔河等支流来水为主，洪水组成截然不同。

表 3-31

嫩江干流 1998 年、2013 年洪水过程对比

站名	1998年洪水 第1次洪水 时间	水位/m	流量/(m³/s)	备注	第2次洪水 时间	水位/m	流量/(m³/s)	备注	第3次洪水 时间	水位/m	流量/(m³/s)	备注	2013年洪水 时间	水位/m	流量/(m³/s)	备注
石灰窑	6月25日2时	250.93	1600										8月9日14时	251.15	1790	
库漠屯	6月25日20时	234.69	3340										8月10日22时	235.29	4400	
嫩江	6月25日20时	221.75														
阿彦浅 尼尔基水库	6月27日2时	198.73	7040	6月26日甘河流量2230m³/s					8月15日2时	197.01	4600	8月13日甘河流量2620m³/s	8月12日14时		9440	8月14日甘河流量1910m³/s
同盟	6月27日14时	170.36	9270	6月26日诺敏河流量1310m³/s					8月12日5时	170.69	12300	8月10日诺敏河流量7740m³/s	8月14日8时	170.40	8760（8860）	8月13日诺敏河流量2120m³/s
齐齐哈尔	6月29日2时	148.43	7880	阿伦河流量61m³/s。齐甘公路过水进入跃进路,齐甘进路、富甘梅路三角区间,后通过跃进路滩桥回归。				阿伦河流量896m³/s	8月13日6时	149.3	14800	阿伦河流量1730m³/s有分流影响	8月16日0时	148.68	—	阿伦河流量619m³/s
富拉尔基	6月30日12时	145.47							8月13日9时	146.06	15500		8月16日15时	145.80	8450（8650）	
江桥	7月3日16时	140.72	7430	右岸支流发生洪水。7月1日流量:雅鲁河45m³/s,罕达罕河流量2m³/s,绰尔河流量107m³/s。多处堤防决口,2次回落	7月30日10时	141.27	9510		8月14日11时	142.37	26400	8月10—11日,右岸支流第二次洪水:雅鲁河流量6840m³/s,罕达罕河流量2400m³/s,绰尔河流量3320m³/s。多处堤防决口	8月17日2时	141.46	8300（9670）	8月12—13日,右岸支流第二次洪水:雅鲁河流量671m³/s,罕达罕河流量118m³/s,绰尔河流量490m³/s
大赉	7月10日14时	129.17	4630		8月2日20时	130.1	8080		8月15日3时	131.47	16100（22100）		8月23日2时	132.62	7700（8770）	

注：括号内数字为还原后的天然流量，1998年是决口还原，2013年是水库口还原；2013年洪水备注中嫩江各站中嫩江支流流量为干流洪峰时支流的相应流量。

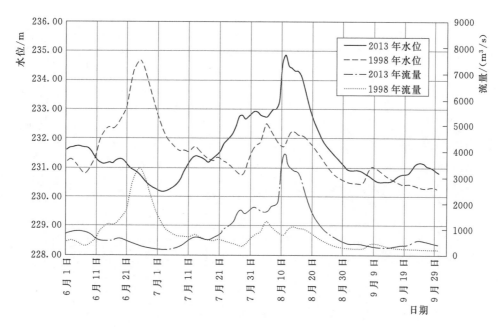

图 3-81　1998 年、2013 年汛期库漠屯站日平均水位、流量过程线

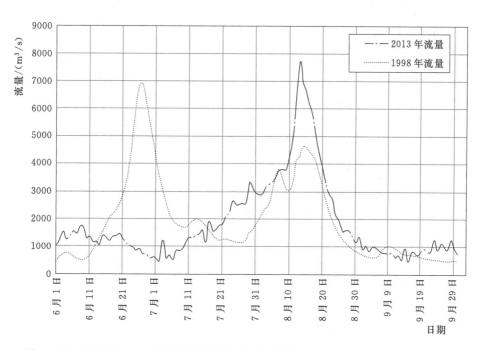

图 3-82　1998 年、2013 年汛期尼尔基水库（阿彦浅站）日平均（入库）流量过程线

　　以江桥站的最大 30d 洪量分析 1998 年和 2013 年嫩江洪水的组成，见表 3-32。可知 2013 年江桥站最大 30d 洪量为 171 亿 m³，只有 1998 年（348.4 亿 m³）的 49%；洪水组成中，2013 年干流来水占 84.4%，支流及富—碾—景—两—江区间来水占 15.6%，而 1998 年干流来水占 57.4%，各支流及区间来水占 42.6%。

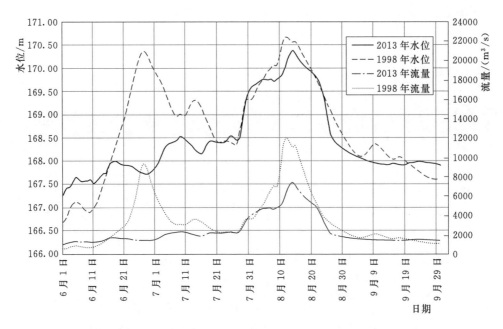

图 3-83　1998 年、2013 年汛期同盟站日平均水位、流量过程线

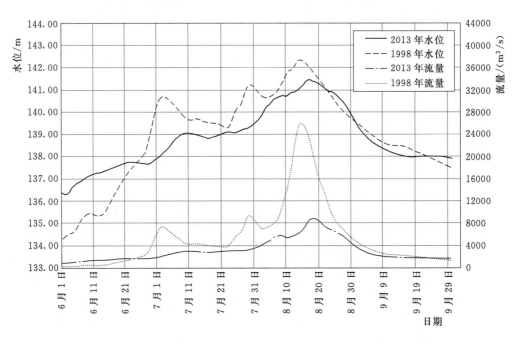

图 3-84　1998 年、2013 年汛期江桥站日平均水位、流量过程线

3. 洪水量级

2013 年，嫩江干流尼尔基水库为 50 年一遇大洪水，尼尔基水库以下为 10～20 年一遇中洪水，右岸支流为小洪水；而 1998 年，嫩江干流阿彦浅站为大洪水，阿彦浅以下为超 100 年一遇特大洪水，右岸各支流均为特大洪水。详见表 3-33。

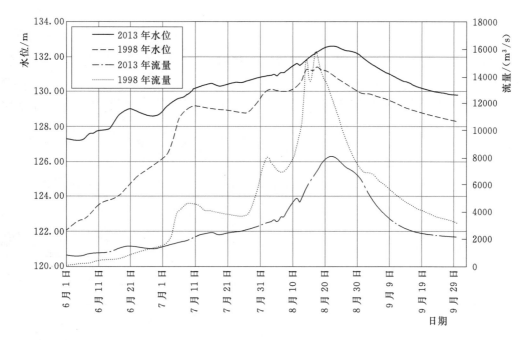

图 3-85 1998 年、2013 年汛期大赉站日平均水位、流量过程线

表 3-32 1998 年、2013 年（还原后）江桥站最大 30d 洪量组成对比表

年份	项目	嫩江	雅鲁河	罕达罕河	绰尔河	富—碾—景—两—江区间	江桥
2013	洪量/亿 m³	144.34	13.25	1.94	7.61	3.87	171.01
	占江桥/%	84.4	7.7	1.1	4.5	2.3	100
1998	洪量/亿 m³	200	48.6	11.3	44.1	44.4	348.4
	占江桥/%	57.4	13.9	3.2	12.7	12.8	100

注 尼尔基水库于 2005 年蓄水发电，故对江桥站 2013 年洪水进行还原。

表 3-33 嫩江干流 1998 年、2013 年洪水量级对比表

河流	站名	2013 年洪峰			1998 年洪峰		
		实测流量/(m³/s)	天然流量/(m³/s)	重现期/a	实测流量/(m³/s)	天然流量/(m³/s)	重现期/a
嫩江	阿彦浅尼尔基水库	9440		超 50	7040		超 20
嫩江	富拉尔基	7720	8650	超 20	15500		超 100
嫩江	江桥	8850	9670	超 10	26400		500
嫩江	大赉	8100	8770	超 10	16100	22100	超 300
诺敏河	古城子	2240		超 5	7740		超 100
阿伦河	那吉	419		5	1840		超 50
雅鲁河	碾子山	1030		5	6840		200
罕达罕河	景星	360		5	2400		200
绰尔河	两家子	801		小于 5	6400		超 100

注 重现期为天然流量重现期。

4. 传播时间

2013 年嫩江洪水全部在河道内传播，没有出现溃口、决堤，而且支流影响小，因此各站之间的峰现时间差基本能够反应河道洪水传播时间，但与 1998 年相比，河道内围堤规模和数量增加，河道洪水演进规律有所改变。1998 年洪水，由于大昂堤、胖头泡、泰来等多处堤防决口，分洪量达 100 亿 m³，使富拉尔基、大赍站洪峰提前出现。详见表 3-34。

表 3-34 嫩江干流 1998 年、2013 年洪水峰现时间差对比表

江 段	峰现时间差/h	
	1998 年	2013 年
同盟—齐齐哈尔	25	46
齐齐哈尔—富拉尔基	3	7
富拉尔基—江桥	26	20
江桥—大赍	24	143

（二）松花江

与 1998 年相比，2013 年松花江干流洪水量级明显偏小，支流洪水偏大。

1. 洪水过程

1998 年松花江支流洪水均未超过 5 年一遇，而 2013 年呼兰河发生 10 年一遇洪水且与干流洪水遭遇，其他支流洪水未超过 5 年一遇。因此 1998 年和 2013 年洪水都是以干流为主，均表现为 1 次洪水过程。2013 年与 1998 年主要站水位、流量对比见图 3-86～图 3-88，洪水过程对比见表 3-35。

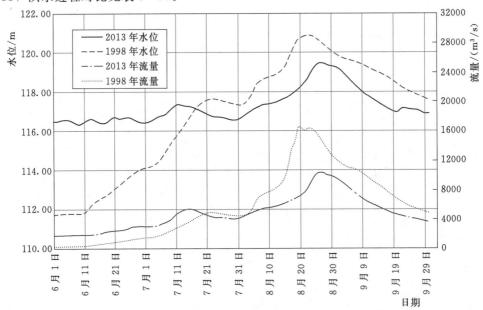

图 3-86 1998 年、2013 年汛期哈尔滨站日平均水位、流量过程线

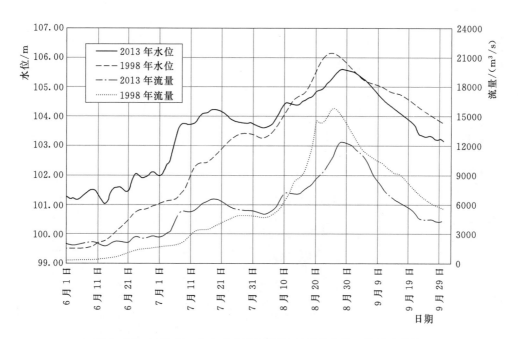

图 3-87　1998 年、2013 年汛期通河站日平均水位、流量过程线

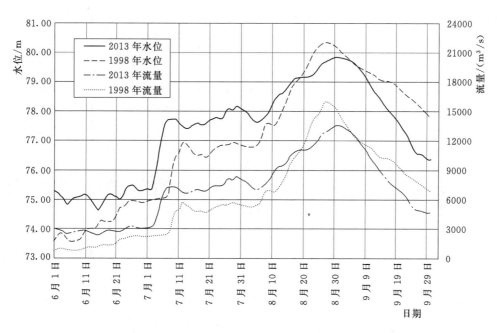

图 3-88　1998 年、2013 年汛期佳木斯站日平均水位、流量过程线

2. 洪水组成

1998 年嫩江尼尔基水库尚未修建，嫩江干流几处决口对洪水进行了调蓄，第二松花江洪水量级很小，水库调蓄作用较小；而 2013 年嫩江洪水主要发生在尼尔基水库以上，第二松花江洪水主要发生在丰满水库以上，2 座大型水库的蓄洪作用十分明显。因此，对松花江干流而言，1998 年和 2013 年的洪水组成截然不同。

表 3-35

松花江干流1998年、2013年洪水对比

站名	1998年洪水					2013年洪水				
	时间	水位/m	流量/(m³/s)	重现期/a	备注	时间	水位/m	流量/(m³/s)	重现期/a	备注
下岱吉	8月18日22时	100.74	16000(23300)	300		8月24日14时	100.01	10000(12300)	20	
哈尔滨	8月22日11时	120.89	16600(23500)	300	8月20日拉林河流量212m³/s	8月26日10时	119.49	10200(12200)	近20	8月24日拉林河流量427m³/s
通河	8月25日9时	106.14	15900(22500)	140	8月20~23日，呼兰河流量520m³/s，蚂蚁河流量79m³/s	8月28日7时	105.59	12200(13900)	20	8月22日，呼兰河流量2510m³/s，蚂蚁河流量573m³/s
依兰	8月26日20时	99.09	16000(22900)	90	8月25日牡丹江流量169m³/s	8月30日17时	98.01	13810(15700)	近20	8月30日牡丹江流量688m³/s
佳木斯	8月26日20时	80.63	16100(22900)	70	8月26日汤旺河流量349m³/s	8月30日23时	79.85	13480(15200)	10	8月29日汤旺河流量592m³/s

注 括号内数字为还原后的天然流量，重现期为天然流量重现期。

以实测资料分析，2013 年哈尔滨站最大 30d 洪量 205.75 亿 m^3，相当于 1998 年（329.7 亿 m^3）的 62.4%；洪水组成中，2013 年嫩江占 70.7%，第二松花江占 25.7%，而 1998 年嫩江占 93.9%，第二松花江占 4.8%。详见表 3-36。

表 3-36　　　　　　　1998 年、2013 年哈尔滨站最大 30d 洪量组成对比（实测）

年份	项目	嫩江	第二松花江	拉林河	大—扶—蔡 —哈区间	哈尔滨
2013	洪量/亿 m^3	146.82	53.48	6.84	0.61	205.75
	占哈尔滨/%	70.7	25.7	3.3	0.3	100
1998	洪量/亿 m^3	257.6	13.1	3.6	—	329.7
	占哈尔滨/%	93.9	4.8	1.3	—	100

以还原后天然资料分析，2013 年哈尔滨站最大 30d 洪量 246.5 亿 m^3，相当于 1998 年（445 亿 m^3）的 55.4%；洪水组成中，2013 年嫩江占 69.1%，第二松花江占 25.1%，而 1998 年嫩江占 85.0%，第二松花江占 14.1%。详见表 3-37。

表 3-37　　　　　　　1998 年、2013 年哈尔滨站最大 30d 洪量组成对比（天然）

年份	项目	嫩江	第二松花江	拉林河	大—扶—蔡 —哈区间	哈尔滨
2013	洪量/亿 m^3	170.43	61.83	7.73	6.51	246.50
	占哈尔滨/%	69.1	25.1	3.1	2.6	100
1998	洪量/亿 m^3	334.0	55.3	3.6	—	445.0
	占哈尔滨/%	85.0	14.1	0.9	—	100

2013 年松花江干流洪水期间，主要支流呼兰河、蚂蚁河、牡丹江、汤旺河虽未发生大洪水，但最大流量均大于 1998 年 1 倍以上，其中呼兰河接近 5 倍。

3. 洪峰量级

2013 年，松花江干流发生 10～20 年一遇中洪水，由于呼兰河洪水叠加，通河段洪水略超 20 年一遇；而 1998 年，松花江干流均为特大洪水，其中通河以上为超 100 年一遇特大洪水，洪水重现期自上而下递减。详见表 3-35。

4. 传播时间

2013 年与 1998 年，松花江干流都没有发生溃口、决堤等现象，洪水在河道中传播，但 2013 年各支流洪水大于 1998 年，尤其是呼兰河洪水与干流洪水遭遇，由于呼兰河的顶托，哈尔滨站的最高水位提前出现，同时由于呼兰河及蚂蚁河的汇入，通河站洪峰提前出现。详见表 3-38。

二、黑龙江

新中国成立以来，黑龙江 1958 年、1984 年发生大洪水，其中黑龙江上游 1958 年洪水位高于 1984 年，中游 1984 年洪水位高于 1958 年，本书分别比较 2013 年洪水与 1958 年、1984 年洪水情况。

表 3-38　　　　　　　　　松花江干流 1998 年、2013 年洪水峰现时间差对比

站　名	传播时间/h	
	1998 年	2013 年
下岱吉—哈尔滨	85	44
哈尔滨—通河	70	45
通河—依兰	38	58
依兰—佳木斯	0	6

结雅水库 1975 年蓄水发电、布列亚水库 1990 年蓄水发电，受资料限制，无法对黑龙江干流洪水进行还原计算，因此数据分析时以实测资料为基础。黑龙江干流及主要支流洪水情况见表 3-39。

表 3-39　　　　　　　黑龙江 1958 年、1984 年、2013 年主要代表站洪水对比

河流	测站	1958 年		1984 年		2013 年	
		洪峰水位/m	洪峰流量/(m³/s)	洪峰水位/m	洪峰流量/(m³/s)	洪峰水位/m	流量洪峰/(m³/s)
石勒喀河	斯列坚斯克	6.64	5190		3790	4.20	3000
额尔古纳河	恰索瓦亚	11.39	13100		4000		
黑龙江上游	漠河	101.08	(20500)	96.15	(8110)	94.85	(5660)
黑龙江上游	呼玛	103.31	(22300)	101.65	(14900)	100.51	(11200)
黑龙江上游	上马厂		(22700)		(16300)		13500
黑龙江上游	黑河	99.13	(22700)	98.19	(16300)	97.62	(12100)
结雅河	别洛戈里耶		10000		12900		14500
黑龙江中游	卡伦山					97.73	25700
黑龙江中游	奇克	100.61	(25200)	100.33	(24000)	100.30	(23900)
布列亚河	卡缅卡		4000		5390		3850
黑龙江中游	乌云	99.70	(26700)	100.40	(29800)	100.25	(29200)
黑龙江中游	嘉荫	100.11	(27300)	100.47	(28200)	100.88	(29200)
黑龙江中游	萝北	98.94	(23700)	99.57	(26900)	99.85	(28400)
松花江	佳木斯		2500		5500		13480
黑龙江中游	勤得利			47.15	(28000)	48.65	(40000)
黑龙江中游	抚远	87.76	(24800)	88.33	(28100)	89.88	(40800)

注　1. 黑龙江支流流量为相应流量。
　　2. 括号内数字表示用水位、流量关系线推求或根据上、下游关系估算流量,供参考。

（一）与 1958 年洪水对比

与 1958 年洪水相比，2013 年黑龙江上游洪水量级偏低，结雅河口附近江段洪水量级接近，乌云站以下江段洪水量级偏高。

1. 洪水组成

由表 3-39 可知，1958 年黑龙江洪水主要发生在上游，中游洪峰流量没有明显增加，洪水主要来源于额尔古纳河、石勒喀河，结雅河、布列亚河次之；2013 年上游仅为一般性洪水，中游洪水沿程递增，是一场典型的全流域洪水，洪水主要来源于上游各支流，以及中游主要支流结雅河、布列亚河和松花江。

150

分析1958年、2013年卡伦山站最大30d洪量（1958年卡伦山、上马厂未建站，以俄罗斯格罗杰科沃站、库马拉站资料代替），可知2013年洪水结雅河来水略多于黑龙江上游干流，而1958年洪水则以黑龙江上游干流来水为主，占65%，见表3-40。

表3-40　　　　1958年、2013年黑龙江中游干流卡伦山站最大30d洪量组成对比

年份	黑龙江上游 上马厂（库玛拉）		结雅河 别洛戈里耶		黑龙江中游 卡伦山（格罗杰科沃）
	洪量 /亿 m³	占卡伦山百分比 /%	洪量 /亿 m³	占卡伦山百分比 /%	洪量 /亿 m³
1958	348	63.7	198	36.3	546
2013	243.58	45.4	283.09	52.8	536

2. 洪水量级

2013年洪峰水位与1958年相比，奇克以上江段各站偏低0.31～6.23m，奇克以下江段偏高0.55～2.12m，见表3-39；最大30d、60d洪量与1958年相比，上马厂站偏少18%、7%，萝北站偏多33%、32%，抚远站偏多70%、66%，见表3-41。

表3-41　　　　　　1958年与2013年黑龙江洪水最大洪量对比

测站		上马厂		萝北		抚远	
		最大30d	最大60d	最大30d	最大60d	最大30d	最大60d
洪量/亿 m³	1958年	325.5	453.4	486.6	770	541.9	920.7
	2013年	267.3	420.6	649.5	1014.6	919.4	1526.7
2013年与1958年相比/%		—18	—7	33	32	70	66

3. 传播时间

与1958年相比，2013年黑龙江干流洪水传播时间在漠河—呼玛段、乌云—嘉荫段、萝北—抚远段偏慢，见表3-42。2013年黑龙江上游洪水中，各支流所占比重较大，因此传播时间受支流影响，同江以下由于松花江洪水汇入，洪量偏大，与黑龙江干流洪水相互影响效果较为明显。

表3-42　　　　　　1958年、1984年、2013年黑龙江洪水传播时间对比

江段	传播时间/h		
	1958年	1984年	2013年
漠河—呼玛	99	127	174
呼玛—黑河	52	76	40
黑河—奇克	83	75	38
奇克—乌云	71	59	55
乌云—嘉荫	49	49	75
嘉荫—萝北	48	25	27
萝北—抚远	144	145	192

（二）与1984年洪水对比

与1984年相比，2013年黑龙江上游洪水量级偏低，结雅河口—乌云段洪水量级接近，嘉荫以下江段洪水量级偏高。

1. 洪水组成

2013 年与 1984 年洪水来源相似，额尔古纳河、石勒喀河、结雅河、布列亚河、松花江都发生了不同程度的洪水。其中 2013 年结雅河、松花江洪水大于 1984 年，额尔古纳河、石勒喀河、布列亚河洪水小于 1984 年。

2. 洪水量级

2013 年洪峰水位与 1984 年相比，奇克以上江段偏低 0.57～1.30m，奇克—乌云段偏低 0.03～0.15m，嘉荫以下江段偏高 0.28～1.55m，详见表 3-39；最大 30d、60d 洪量与 1984 年相比，上马厂站偏多 5%、2%，萝北站偏多 22%、22%，抚远站偏多 45%、37%，见表 3-43。

表 3-43 1984 年与 2013 年黑龙江洪水最大洪量对比

测站		上马厂		萝北		抚远	
		最大 30d	最大 60d	最大 30d	最大 60d	最大 30d	最大 60d
洪量/亿 m³	1984 年	253.9	414.2	533.4	828.6	635.4	1116.9
	2013 年	267.3	420.6	649.5	1014.6	919.4	1526.7
2013 年与 1984 年相比/%		5	2	22	22	45	37

3. 洪峰传播时间

与 1984 年相比，2013 年黑龙江干流洪水传播时间在呼玛—奇克段明显偏快，其原因主要是黑河站受下游支流结雅河洪水顶托影响，洪峰提前出现，而奇克站洪峰来源于结雅河，后续黑龙江上游干流洪峰到达奇克站时已处于落水段。1984 年 8 月 21 日，嘉荫段堤防决口，造成嘉荫站洪峰提前出现。各江段传播时间见表 3-42。

黑龙江干流各站 1958 年、1984 年、2013 年洪水过程线见图 3-89～图 3-96。

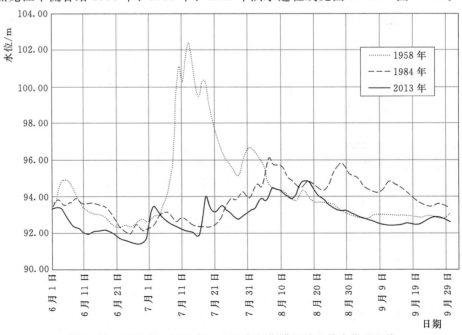

图 3-89 1958 年、1984 年、2013 年汛期漠河站日均水位过程线

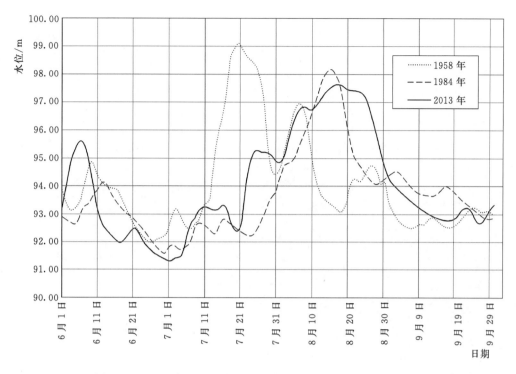

图 3-90 1958 年、1984 年、2013 年汛期黑河站日均水位过程线

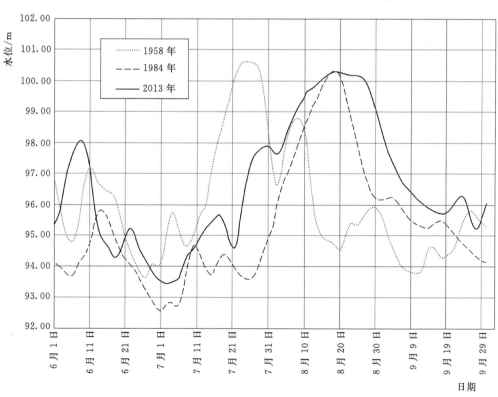

图 3-91 1958 年、1984 年、2013 年汛期奇克站日均水位过程线

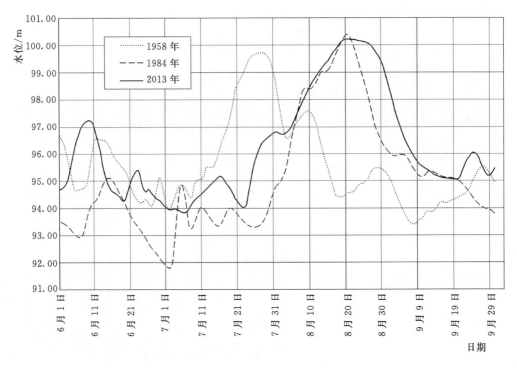

图 3-92 1958年、1984年、2013年汛期乌云站日均水位过程线

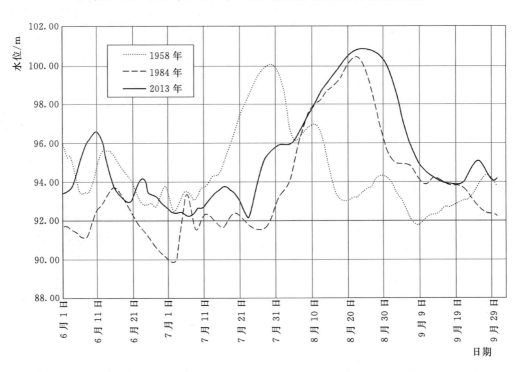

图 3-93 1958年、1984年、2013年汛期嘉荫站日均水位过程线

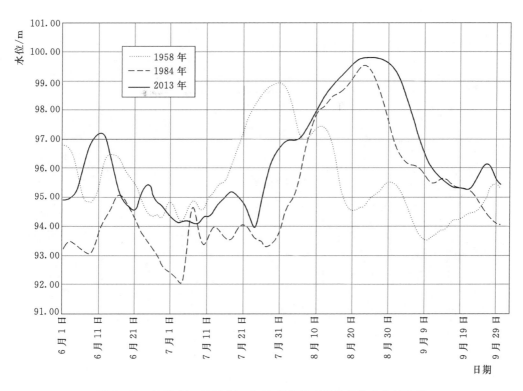

图 3-94 1958 年、1984 年、2013 年汛期萝北站日均水位过程线

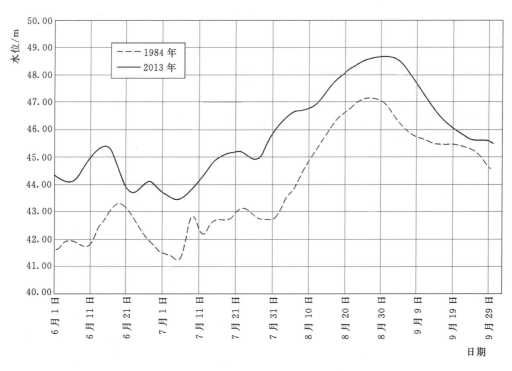

图 3-95 1984 年、2013 年汛期勤得利站日均水位过程线

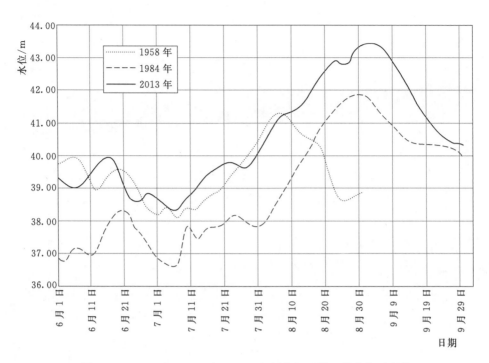

图 3-96 1958 年、1984 年、2013 年汛期抚远站日均水位过程线

第六节 主要断面水位-流量关系

一、松花江

选取嫩江同盟、富拉尔基、江桥，松花江哈尔滨、佳木斯水文站，对比 1998 年、2013 年嫩江、松花江主要站断面形态及水位-流量关系变化情况。

（一）嫩江干流

1. 同盟水文站

同盟水文站断面形态变化不明显，水位 170.40m 时 2013 年断面面积比 1998 年增加 0.5%；同水位时 2013 年流量比 1998 年略小，其中水位在 167.00～170.00m 时流量偏小 7%～16%；同流量时 2013 年水位比 1998 年略高，当流量超过 2000m³/s 时水位高 0.08～0.18m。详见图 3-97、图 3-98 和表 3-44～表 3-46。

2. 富拉尔基水文站

富拉尔基水文站 2013 年与 1998 年断面形态变化不大，仅在河道左岸附近有部分冲刷。

2013 年、1998 年水位-流量关系变化较大：同水位时 2013 年流量比 1998 年偏小，其中水位在 143.50～146.00m 流量偏小 30%～35%；同流量时水位偏高 0.38～0.90m，流量达到 6000m³/s 时，水位差最大达 0.90m，以后随水位升高差值逐渐减小。1998 年滨州

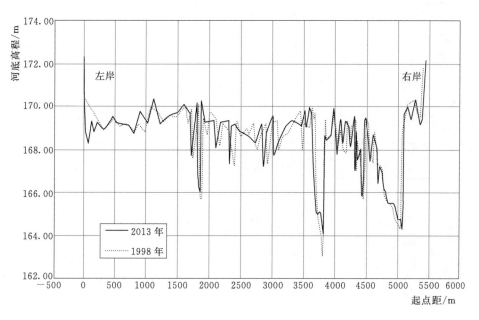

图 3-97 同盟站大断面变化情况对比

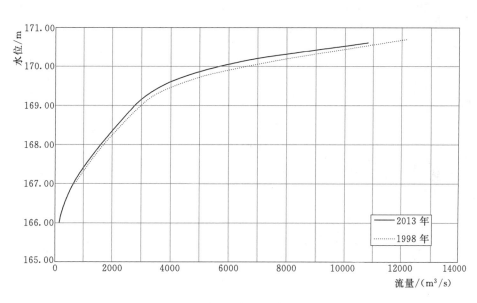

图 3-98 同盟站水位-流量关系对比

表 3-44 同盟站大断面面积变化情况对比

水位/m	断面面积/m²		2013 年比 1998 年断面面积增减百分比/%
	2013 年	1998 年	
170.40	9283	9238	0.5

同盟站同水位流量变化情况对比

水位/m	流量/(m³/s)		2013 年比 1998 年流量增减百分比/%
	2013 年	1998 年	
167.00	653	700	−6.7
168.00	1610	1710	−5.84
169.00	2760	3040	−9.2
170.00	5640	6710	−15.9

表 3－46 同盟站同流量水位变化情况对比

流量/(m³/s)	水位/m		2013 年比 1998 年水位升高值/m
	2013 年	1998 年	
2000	168.35	168.27	0.08
4000	169.61	169.43	0.18
6000	170.06	169.90	0.16
8000	170.32	170.19	0.13

铁路等处出现较大溃口，瞬间增大了流速，使蓄量短时间内转变成流量，造成 1998 年同水位级的流量偏大现象。详见图 3－99、图 3－100 和表 3－47～表 3－49。

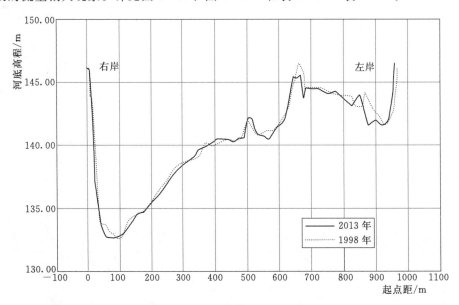

图 3－99 富拉尔基站大断面变化对比

表 3－47 富拉尔基站大断面面积变化情况对比

水位/m	断面面积/m²		2013 年比 1998 年断面面积增减百分比/%
	2013 年	1998 年	
145.80	5479	5020	9

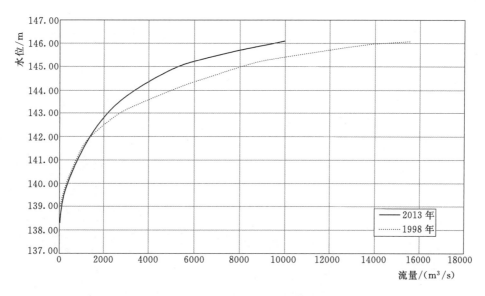

图 3-100　富拉尔基站水位-流量关系对比

表 3-48　　　　　　　　　　富拉尔基站同水位-流量变化情况对比

水位/m	流量/(m³/s)		2013 年比 1998 年流量
	2013 年	1998 年	增减百分比/%
143.50	2690	3820	−29.6
144.00	3390	5070	−33.1
144.50	4250	6550	35.1
145.00	5300	8150	35.0
146.00	9500	14600	34.9

表 3-49　　　　　　　　　　富拉尔基站同流量水位变化情况对比

流量/(m³/s)	水位/m		2013 年比 1998 年
	2013 年	1998 年	水位升高值/m
2000	142.85	142.47	0.38
4000	144.36	143.58	0.78
6000	145.23	144.33	0.90
8000	145.70	144.95	0.75

3. 江桥水文站

江桥站 2013 年、1998 年水位-流量关系变化较明显：同水位时 2013 年流量比 1998 年偏小，水位在 137.00~141.00m 时流量偏小 15%~40%，且随水位升高流量差有增加趋势；同流量时 2013 年水位比 1998 年高 0.45~0.98m。主要原因如下：一是因为河道断面变化明显，1998 年洪水峰高量大，断面冲刷严重，以后逐渐落淤，使主河道淤积严重，水位 141.40m 时，2013 年断面面积比 1998 年减少 17%，河床比 1998 年平均抬高 8m 左

159

右，减小了过流能力；二是因为河道阻水物太多，2013 年洪水流速偏小，近年来人们在河道内开荒种地现象较多，在行洪区内种植了许多作农作物，导致河床糙率增大，阻碍洪水下泄，减缓洪水流速。详见图 3-101、图 3-102 和表 3-50~表 3-52。

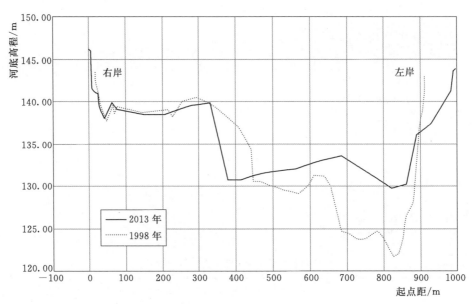

图 3-101　江桥站大断面变化对比

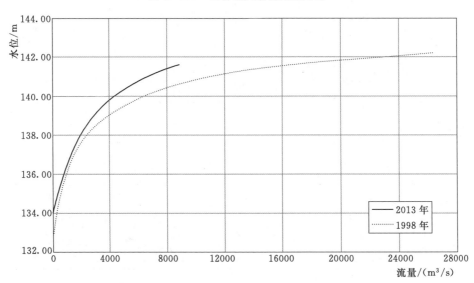

图 3-102　江桥站水位-流量关系对比

表 3-50　　　　　　　　　　　江桥站大断面面积变化情况对比

水位/m	断面面积/m²		2013 年比 1998 年断面面积增减百分比/%
	2013 年	1998 年	
141.40	6208	7473	-17

160

表 3-51 江桥站同水位流量变化情况对比

水位/m	流量/(m³/s)		2013 年比 1998 年流量增减百分比/%
	2013 年	1998 年	
137.00	1280	1510	−15.2
138.00	1970	2410	−18.2
139.00	2930	4000	−26.8
140.00	4350	6440	−32.5
141.00	6700	11100	−39.6

表 3-52 江桥站同流量水位变化情况对比

流量/(m³/s)	水位/m		2013 年比 1998 年水位升高值/m
	2013 年	1998 年	
2000	138.04	137.59	0.45
4000	139.80	139.00	0.80
6000	140.76	139.84	0.92
8000	141.38	140.40	0.98

（二）松花江干流

1. 哈尔滨水文站

哈尔滨水文站 2013 年与 1998 年断面形态变化较大，河道右岸冲刷，左岸淤积。与 1998 年相比，水位在 117.00～119.20m 时 2013 年流量偏大在 22.7% 以内，水位在 119.20～119.50m 时流量偏小在 3.7% 以内；流量在 5000～9400m³/s 时 2013 年水位最大偏低 0.67m，流量在 9400～10300m³/s 水位最大偏高 0.10m。由于哈尔滨低水时流量受下游大顶子山航电枢纽影响，因此没有低水水位流量关系曲线。详见图 3-103、图 3-104 和表 3-53～表 3-55。

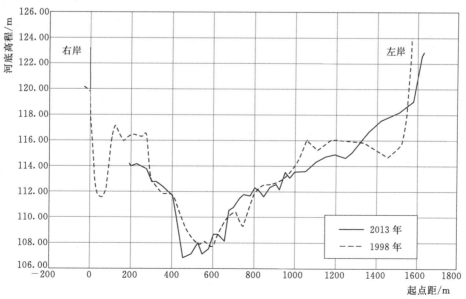

图 3-103 哈尔滨站大断面变化对比

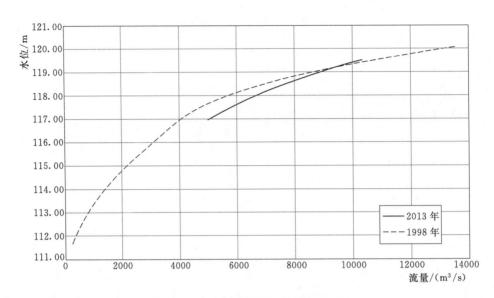

图 3 - 104　哈尔滨站水位-流量关系对比

表 3 - 53　　　　　　　　　　哈尔滨站大断面面积变化情况对比

水位/m	断面面积/m²		2013 年比 1998 年断面面积增减百分比/%
	2013 年	1998 年	
120.00	10727	10371	3.5

表 3 - 54　　　　　　　　　　哈尔滨站同水位流量变化情况对比

水位/m	流量/(m³/s)		2013 年比 1998 年流量增减百分比/%
	2013 年	1998 年	
115.50	—	2650	—
116.50	—	3570	—
117.50	5790	4730	22.4
118.50	7710	6960	10.8
119.50	10300	10700	−3.7

表 3 - 55　　　　　　　　　　哈尔滨站同流量水位变化情况对比

流量/(m³/s)	水位/m		2013 年比 1998 年水位升降值/m
	2013 年	1998 年	
5000	116.99	117.66	−0.67
6000	117.62	118.14	−0.52
8000	118.63	118.83	−0.20
10300	119.50	119.40	0.10

2. 佳木斯水文站

佳木斯水文站断面形态变化不大，水位 81.00m 时，2013 年断面面积比 1998 年少

1.1%。2013 年、1998 年水位流量关系变化较小，水位在 75.50～79.50m 时 2013 年流量偏大 8.3% 以内，水位在 79.50～80.00m 时偏小在 0.3% 以内；流量在 3000～12000m³/s 时，2013 年水位最大偏低 0.15m。详见图 3-105、图 3-106 和表 3-56～表3-58。

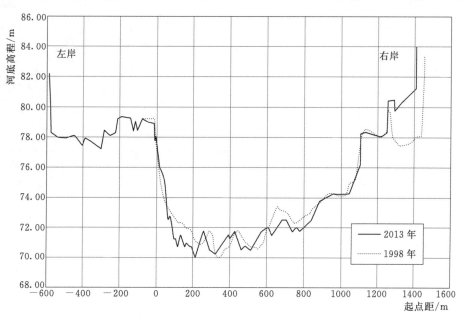

图 3-105　佳木斯站大断面变化情况对比

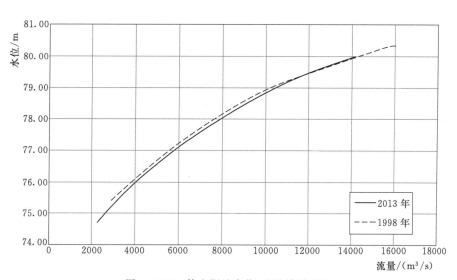

图 3-106　佳木斯站水位-流量关系对比

表 3-56　　　　　　　　　　　佳木斯站大断面面积变化情况对比

水位/m	断面面积/m²		2013 年比 1998 年断面面积增减百分比/%
	2013 年	1998 年	
81.00	11709	11840	−1.1

163

表 3 - 57 　　　　　　　　　　　　 佳木斯站同水位流量变化情况对比

水位/m	流量/(m³/s)		2013 年比 1998 年流量增减百分比/%
	2013 年	1998 年	
75.50	3300	3048	8.3
76.50	4900	4695	4.4
77.50	6810	6543	4.1
78.50	9130	8761	4.2
79.50	12100	12135	−0.3

表 3 - 58　　　　　　　　　　　　 佳木斯站同流量水位变化情况对比

流量/(m³/s)	水位/m		2013 年比 1998 年水位升降值/m
	2013 年	1998 年	
4000	75.97	76.10	−0.13
8000	78.05	78.20	−0.15
10000	78.87	79.00	−0.03
12000	79.48	79.47	0.01

二、黑龙江

选取上马厂、卡伦山站对比 2013 年大洪水前后的断面形态、水位流量关系变化情况。

1. 上马厂水文站

上马厂站大洪水前后水位-流量关系变化较小，水位在 92.00～97.00m 时，大洪水前水位对应流量略小于大洪水后，大洪水前后断面变化不明显，仅距起点 85～449m 处有少量淤积，断面左岸发生小范围冲刷。详见图 3 - 107 和图 3 - 108。

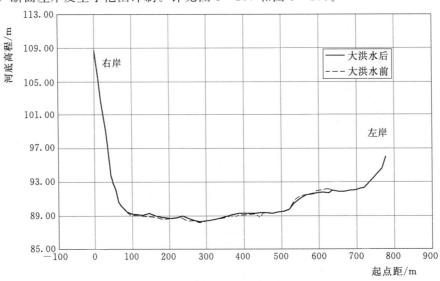

图 3 - 107　上马厂站大断面变化情况对比

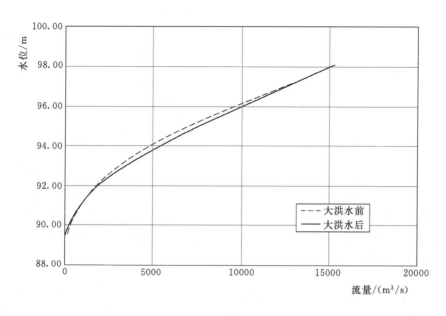

图 3-108　上马厂站大洪水前后水位-流量关系对比

2. 卡伦山水文站

卡伦山站大洪水前后水位流量关系变化较小，水位在 93.50~95.50m 时，大洪水前水位对应流量略大于大洪水后，水位在 86.00~93.40m 时，流量变化不大。大洪水后起点距 263~728m 处河床底发生小范围的淤积，其中 448~587m 处较为明显。详见图 3-109 和图 3-110。

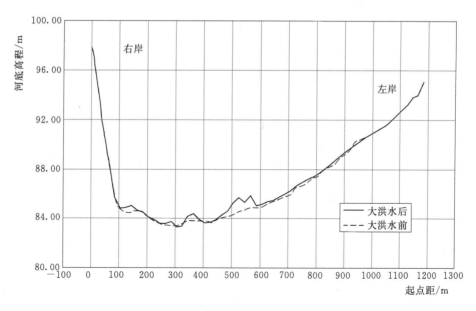

图 3-109　卡伦山站大断面变化情况对比

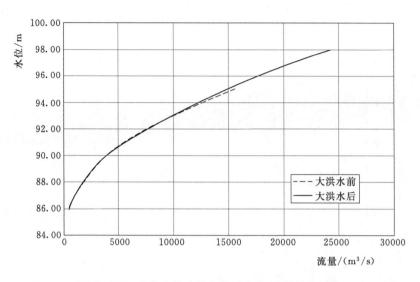

图 3-110　卡伦山站大洪水前后水位-流量关系对比

第四章 辽宁省"8·16"暴雨洪水

2013年8月15—16日，辽宁省辽河左侧支流及浑河、太子河降大暴雨，局地特大暴雨，与同属松辽流域的第二松花江、东辽河均受同一个天气影响。浑河暴雨中心区平均降雨量达339.4mm。辽河、浑河共有8条河流发生新中国成立以来前5位洪水，其中浑河上游一级支流—海阳河、红河发生超百年特大洪水。本次暴雨洪水从降雨开始到洪峰出现集中在48h内，在东北地区极为罕见，为完整记录2013年松辽流域洪水情况，本章将对辽宁省"8·16"洪水进行总结。

第一节 流 域 概 况

一、河流水系

辽河是我国七大江河之一，全长1383km，流域面积191946km²。

辽河干流全长521km，流域面积37927km²。辽河水系中，流域面积大于5000km²的河流有8条，流域面积在1000～5000km²的有16条。

浑河发源于清原县湾甸子镇，流经抚顺、沈阳、辽阳等市，在三岔河与太子河汇合入大辽河，在营口市入海。浑河全长415.4km，流域面积11481km²。浑河水系中，流域面积大于5000km²的河流有1条，为浑河；流域面积在1000～5000km²的有2条，为苏子河、蒲河。

太子河南支发源于本溪市本溪县，北支发源于抚顺市新宾县。两源于南甸子镇汇合为太子河干流，流经本溪、鞍山、辽阳三市，至三岔河与浑河汇合后经大辽河入海。太子河全长412.9km，流域面积13883km²。流域面积大于5000km²的河流有1条，为太子河；流域面积在1000～5000km²的河流有4条，为细河、汤河、北沙河、海城河。

大辽河干流系指浑河、太子河汇流后的三岔河—营口入海口一段，流经海城市、大石桥市、营口市城区。大辽河全长96km，流域面积1963km²。

辽浑太河流域主要河流基本情况见表4-1，辽宁省水系图见图4-1。

表4-1　　　　　　　　　　辽浑太河流域1000km²以上河流基本情况

序号	河流名称	流域面积/km²	河长/km	注入河	注入侧
1	辽河	191946 (40988)	1383 (554)	—	—
2	老哈河	29623 (3387)	451 (114)	辽河	右
3	浑河	28260	495	—	—
4	太子河	13493	363	浑河	左
5	东辽河	11189 (865)	377 (116)	辽河	左

序号	河流名称	流域面积/km²	河长/km	注入河	注入侧
6	绕阳河	10348	326	辽河	右
7	柳河	5345（1795）	302（206）	辽河	右
8	清河	5150	159	辽河	左
9	招苏台河	4828（3042）	263（149）	辽河	左
10	寇河	2170（1872）	113	清河	右
11	东沙河	2167	142	绕阳河	右
12	苏子河	2161	148	浑河	左
13	养息牧河	1981（1948）	123	辽河	右
14	秀水河	1903（1812）	139（117）	辽河	右
15	北沙河	1590	102	太子河	右
16	二道河	1544（1380）	145（127）	招苏台河	左
17	西沙河	1454	97	绕阳河	右
18	柴河	1441	133	辽河	左
19	汤河	1422	87	太子河	左
20	海城河	1377	92	太子河	左
21	蒲河	1359	202	浑河	右
22	蹦河	1293（961）	115（75）	老哈河	右
23	细河	1126	119	太子河	左
24	泛河	1046	120	辽河	左
备注	辽河干流	37927	521	—	—
	大辽河	1963	96	—	—

注 1. 水系划分仍采用水利普查前结果。
   2. 括号内数值为辽宁省内数据。

二、水文与气象特征

全省多年平均年降水量 662.9mm，汛期（6—9 月）降水量约占全年降水量的 70%～80%。辽宁省多年平均年降水量等值线见图 4-2。

致灾暴雨发生时期多集中在 7—8 月，从时间历时分析，多数场次降水集中在 2 日之内；从空间分布分析，暴雨中心多分布在辽河干流以东山区。

辽浑太河流域主要洪水年份为 1951 年、1953 年、1960 年、1963 年、1985 年、1986年、1995 年、2005 年、2010 年、2013 年。

三、水库工程

目前，辽浑太河流域共建有小（1）型以上水库 142 座，总库容 93.80 亿 m³。建成大

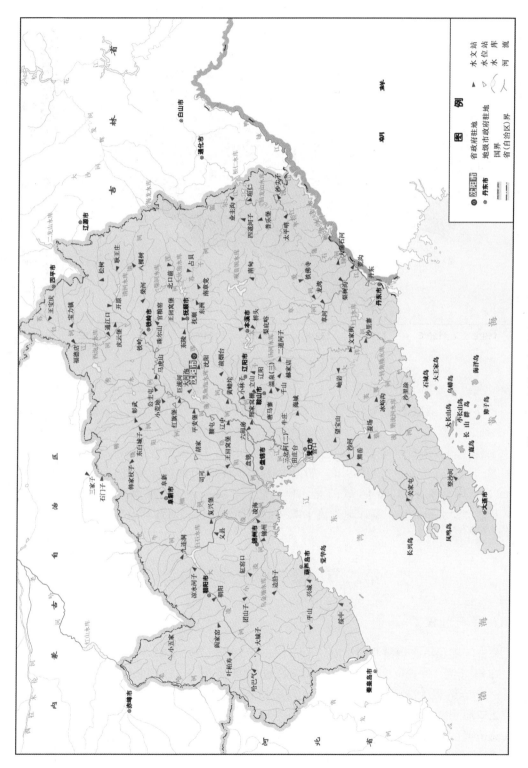

图 4-1 辽宁省水系图

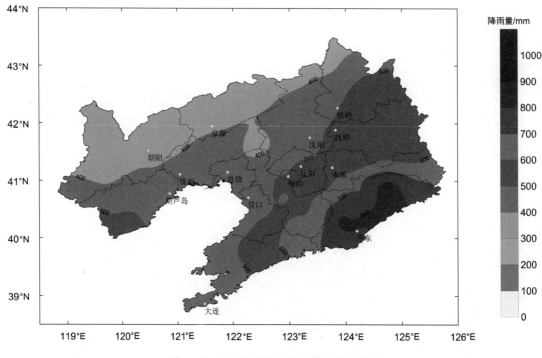

图 4-2　辽宁省多年平均年降水量等值线

型水库 10 座，主要分布在辽河水系 6 座、浑河水系 1 座、太子河水系 3 座，总库容 82.58 亿 m^3，占小 (1) 型以上水库总库容的 88%，大型水库调洪总库容 41.15 亿 m^3。其中，清河、柴河、闹德海、石佛寺、大伙房、观音阁、葠窝、汤河等 8 座省直属水库的总库容为 78.37 亿 m^3，占大型水库总库容的 94.9%，调洪库容为 38.61 亿 m^3，占大型水库调洪库容的 93.8%，防洪兴利作用突出。如：大伙房水库位于浑河干流中上游，集水面积 5437km^2，水库总库容 22.68 亿 m^3，是一座以防洪、城市供水、灌溉为主，兼顾发电等综合利用的大型水利工程，是浑河干流上唯一的控制性工程，对浑河及辽浑太河流域的防洪有着重要作用。

第二节　暴　雨　分　析

一、暴雨过程

　　受蒙古气旋和华北倒槽共同影响，8 月 15 日 8 时至 17 日 8 时，辽宁省普遍降雨，全省平均降雨量为 58.4mm，50mm 以上降雨量笼罩面积 7.41 万 km^2，占全省面积的 46.4%；100mm 以上降雨量笼罩面积 2.97 万 km^2，占全省面积的 19.4%；250mm 以上降雨量笼罩面积 0.029 万 km^2，占全省面积的 0.2%。主雨区位于浑河上游区及辽河上游左侧支流清河、寇河、碾盘河。极值区位于浑河上游海阳河一带，其中极值中心红透山站降雨量高达 456mm，导致浑河上游发生特大洪水。辽宁省 2013 年 8 月 15—16 日降雨量等值线分布见图 4-3，各降雨量等级笼罩面积统计见表 4-2。

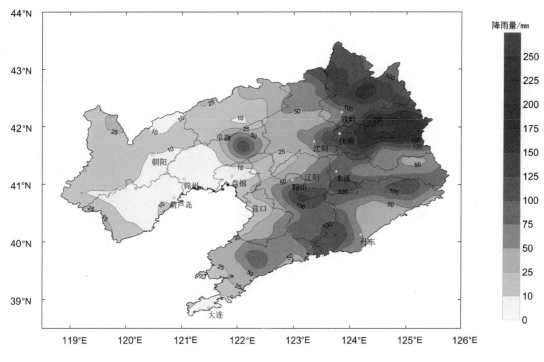

图 4-3　辽宁省 2013 年 8 月 15—16 日降雨量等值线

表 4-2　　　　　　　　辽宁省 2013 年 8 月 15—16 日各降雨量等级笼罩面积统计

降雨量等级/mm	50～100	100～250	>250
笼罩面积/km²	44432.2	29384.8	290.2
占总面积百分比/%	27	19.2	0.2

二、暴雨特性分析

辽宁省"8·16"暴雨的特点可概括为：区域集中雨量大、时段集中强度大，现分述如下：

1. 区域集中雨量大

从行政区域上看，"8·16"暴雨中心区位于辽宁省抚顺市及铁岭市。在全省各市降雨量排名中，抚顺市以平均降雨量 153.2mm 排位第一，铁岭市以平均降雨量 138.1mm 排位第二。全省降雨量 300mm 以上的雨量站 15 处，均在抚顺市；200mm 以上的雨量站 39 处，其中 31 处在抚顺市，5 处在铁岭市。辽宁省各市平均降雨量见表 4-3。

在抚顺市，东北部降水最为集中，清原满族自治县平均降雨量为 210.6mm，最大点降雨量为红透山站 456mm；抚顺县平均降雨量为 150.5mm，最大点降雨量为上年站 242mm；新宾满族自治县平均降雨量为 65.1mm，最大点降雨量为转弯子站 255.5mm。

在铁岭市，铁岭县平均降雨量为 152.9mm，最大点降雨量为夹河厂站 218.9mm；西丰县平均降雨量为 145.3mm，最大点降雨量为松树站 212.4mm；昌图县平均降雨量为 132.5mm，最大点降雨量为亮中桥站 197.0mm。

表 4-3 辽宁省各市平均降雨量统计

市别	平均降雨量/mm	全省排位	市别	平均降雨量/mm	全省排位
沈阳	59	7	营口	42.2	9
大连	39.7	10	阜新	20.3	11
鞍山	68.4	5	辽阳	78.7	3
抚顺	153.2	1	铁岭	138.1	2
本溪	75.9	4	朝阳	13.6	12
丹东	59.6	6	盘锦	13	13
锦州	46	8	葫芦岛	9.6	14

从流域上看，"8·16"暴雨中心主要位于浑河干流大伙房水库以上流域，平均降雨量为 190.1mm，两大支流苏子河、社河流域平均降雨量分别为 131mm 和 155mm。暴雨主要集中在上游清原县一带，红透山、海阳水库、暖泉子、栏木桥等 8 个雨量站的累积降雨量在 300mm 以上，其中北口前水文站以上流域平均降雨量为 339.4mm，海阳河流域平均降雨量为 392.2mm。大伙房水库以上流域雨量站网分布见图 4-4，代表雨量站降水过程见表 4-4。

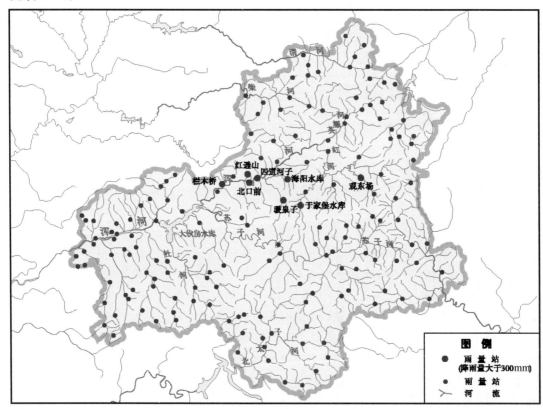

图 4-4 大伙房水库以上流域雨量站网分布

表 4 - 4 　　　　　　　　大伙房水库以上流域暴雨中心区各雨量站降水过程

时间		暴雨中心区各雨量站降水量/mm								
日	时	观东场	于家堡子	四道河子	树基沟	暖泉子	北口前	海阳水库	红透山	栏木桥
16	1—2	0.5	14.5	10.5	12	27.5	19.8	18.5	24.5	12
	2—3	18	10	8.5	1.5	1.5	1.3	5	1	0.5
	3—4	0.1				0.1				
	4—5									
	5—6	0.4	0.5	1.5	1.5	0.5	0.8	0.5	0.5	0.5
	6—7									
	7—8									
	8—9									
	9—10									
	10—11				1.5	0.5	1			
	11—12	3	10.5	5.5	15.5	21	10	6.5	13	21.5
	12—13	3	4.5	17	12	5.5	12.2	6.5	17	21.5
	13—14	0.5	3	20	12	7.5	24.3	17.5	27	17.5
	14—15	2.5	16	7	13.5	7.5	27.1	8	32.5	46.5
	15—16	24.5	31.5	13.5	7.5	30.5	6.8	15.5	4.5	8.5
	16—17	16.5	20	45	29	59	74.6	41	57.5	60.5
	17—18	31	69.5	45	45.5	70.5	60.3	48	54	57.5
	18—19	62.5	91	43	25.5	74	21	52	7.5	3
	19—20	30.5	10.5	29	11.5	2	11.2	18.5	19	29
	20—21	6	1	14.5	3	8.5	96.5	70.5	99	61.5
	21—22	59.5	4.5	27.5		22.5	52.8	44.5	32.5	66
	22—23	33.5	2	7.5	0.5	5	10.3	9	50.5	12.5
	23—24	15.5	9.5	1		12.5	1.3	16	2	1
17	0—1									
	1—2									
	2—3									
	3—4			9	14		2.5		6	1
	4—5	13	24.5	2	13.5	33	12.6	12.5	6.5	14
	5—6	7	11		0.5	2.1	1	3.5	1	0.5
	6—7	2.5	2.5			1.4			0.5	
	7—8			3.5						
合计		330	336.5	310.5	220	392.6	447.4	393.5	456	435

2. 时段集中强度大

本次暴雨主要集中在 16 日 16—22 时,17 日 8 时降雨基本结束。暴雨中心浑河大伙房水库以上流域最大 6h 降雨量占总过程降雨量的 60%～70%。以北口前站为例，可以看出在 16 日 16—22 时的 6h，降雨量高达 316.4mm，约占整个过程降雨量的 71%。浑河流域时段最大降雨量统计、北口前站降雨量分配分别见表 4-5 和图 4-5。

表 4-5   浑河流域时段最大降雨量

站名	最大 1h 降水量		最大 3h 降水量		最大 6h 降水量		最大 24h 降水量		场次总降水量/mm
	数值/mm	所占百分比/%	数值/mm	所占百分比/%	数值/mm	所占百分比/%	数值/mm	所占百分比/%	
于家堡子水库	91.0	27.0	180.5	53.6	241.0	71.6	312.0	92.7	336.5
海阳水库	70.5	17.9	141.0	35.8	274.5	69.8	377.5	95.9	393.5
暖泉子	95.0	24.2	203.5	51.8	250.4	63.8	363.0	92.5	392.6
北口前	96.5	21.6	160.5	35.9	316.4	70.7	431.3	96.4	447.4
上大堡	80.0	31.6	186.5	73.7	214.0	84.6	229.5	90.1	253.0
红透山	99.0	21.7	182.0	39.9	269.5	59.1	442.0	96.9	456.0
苍石	87.5	25.0	148.5	42.4	253.5	72.4	350.0	100.0	350.0
栏木桥	66.0	15.2	156.5	36.0	277.5	63.8	422.0	97.0	435.0

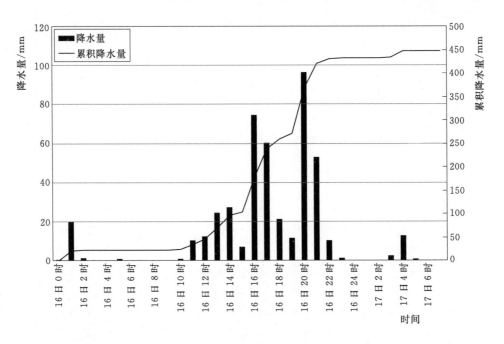

图 4-5 北口前站"8·16"降雨量时程分配及累积过程图

辽宁省最大 1h 降雨量超过 100mm 共 5 站，分布在丹东、辽阳，最大值为丹东地区罗圈背水库站 137.5mm；最大 3h 降雨量超过 150mm 共 16 站，分布在辽阳、抚顺、鞍山、锦州、丹东，最大值为辽阳地区吉洞峪站 218.5mm；最大 6h 降雨量超过 250mm 共 5 站，全部位于抚顺市，最大值为抚顺地区北口前站 316.4mm。全省雨量站最大 1h、3h、6h 降雨量排位分别见表 4-6～表 4-8。

174

表 4 - 6 全省雨量站最大 1h 降雨量排位

序号	政区	站名	1h 时段末（年-月-日 时：分）	降水量/mm
1	丹东市	罗圈背水库	2013 - 08 - 17 07：00	137.5
2	辽阳市	吉洞峪	2013 - 08 - 16 23：00	126.0
3	辽阳市	韩家村	2013 - 08 - 16 23：00	105.5
4	丹东市	周家岗水库	2013 - 08 - 17 03：00	101.0
5	丹东市	龙王庙	2013 - 08 - 17 03：00	100.5
6	鞍山市	王官	2013 - 08 - 16 23：00	99.5
7	抚顺市	红透山	2013 - 08 - 16 21：00	99.0
8	鞍山市	英房水库	2013 - 08 - 16 23：00	98.5
9	抚顺市	北口前	2013 - 08 - 16 21：00	96.5
10	鞍山市	王家	2013 - 08 - 16 23：00	96.5

表 4 - 7 全省雨量站最大 3h 雨量排位

序号	政区	站名	3h 时段末（年-月-日 时：分）	降水量/mm
1	辽阳市	吉洞峪	2013 - 08 - 17 00：00	218.5
2	抚顺市	暖泉子	2013 - 08 - 16 19：00	203.5
3	锦州市	司屯	2013 - 08 - 16 02：00	190.3
4	鞍山市	英房水库	2013 - 08 - 17 00：00	189.0
5	鞍山市	王官	2013 - 08 - 17 00：00	188.0
6	抚顺市	上大堡	2013 - 08 - 16 18：00	186.5
7	抚顺市	红透山	2013 - 08 - 16 23：00	182.0
8	抚顺市	于家堡子水库	2013 - 08 - 16 19：00	180.5
9	辽阳市	韩家村	2013 - 08 - 17 00：00	179.5
10	鞍山市	王家	2013 - 08 - 17 00：00	166.0

表 4 - 8 全省雨量站最大 6h 雨量排位

序号	政区	站名	6h 时段末（年-月-日 时：分）	降水量/mm
1	抚顺市	北口前	2013 - 08 - 16 22：00	316.4
2	抚顺市	栏木桥	2013 - 08 - 16 22：00	277.5
3	抚顺市	海阳水库	2013 - 08 - 16 22：00	274.5
4	抚顺市	红透山	2013 - 08 - 16 22：00	269.5
5	抚顺市	苍石	2013 - 08 - 16 21：00	253.5
6	抚顺市	暖泉子	2013 - 08 - 16 19：00	250.4
7	抚顺市	六家子	2013 - 08 - 16 21：00	245.5
8	抚顺市	于家堡子水库	2013 - 08 - 16 20：00	241.0
9	抚顺市	张家堡	2013 - 08 - 16 21：00	238.5
10	抚顺市	阿尔当	2013 - 08 - 16 22：00	234.5

第三节 洪 水 分 析

在"8·16"暴雨洪水中,辽河、浑河、太子河均出现洪水过程,有8条河流发生新中国成立以来前5位的洪水。其中,浑河大伙房水库以上干支流及辽河支流寇河,均发生特大洪水。"8·16"洪水全省各河流洪峰流量统计见表4-9。

表4-9 "8·16"暴雨洪水辽浑太河流域各河洪峰流量

流域	河流	水文站	峰现时间	洪峰流量 /(m³/s)	相应水位 /m	新中国成立后 洪水排位
辽河	辽河	铁岭	8月17日19:00	2160	59.01	10
	辽河	马虎山	8月19日04:40	1960	39.40	8
	寇河	松树	8月16日23:00	2150	134.85	1
	碾盘河	耿王庄	8月16日21:00	1140	142.12	2
	清河	八棵树	8月17日07:00	1270	150.07	3
	清河	开原	8月17日09:00	1910	89.23	8
	柴河	柴河	8月17日00:50	594	113.53	11
	招苏台河	王宝庆	8月18日08:00	279	108.83	5
	二道河	宝力镇	8月19日02:00	262	89.78	7
浑河	浑河	沈阳	8月18日11:00	1710	37.05	16
	浑河	抚顺	8月18日13:30	1680	75.61	7
	浑河	黄腊坨	8月19日02:06	1650	16.19	7
	浑河	北口前	8月17日02:48	6720	177.12	1
	苏子河	占贝	8月17日09:00	842	95.55	9
	社河	南章党	8月16日19:00	550	89.66	3
太子河	汤河	二道河子	8月17日03:10	599	116.69	5
	汤河西支	郝家店	8月17日02:06	487	120.73	3

一、洪水过程

1. 浑河

受强降雨影响,浑河大伙房水库以上干支流发生特大洪水,部分中小河流突破历史极值,本次暴雨洪水中心区河流洪水涨势凶猛,峰高量大。浑河北口前水文站水位于8月16日14时48分起涨,17日2时48分洪峰流量6720m³/s,为新中国成立以来第1位洪水,洪水由起涨到峰顶历时12h左右,水位上升6.92m。北口前站洪水过程见图4-6。

受浑河上游北口前、南章党、占贝水文站以及区间来水共同影响,大伙房水库入库流量自8月16日11时起涨,17日5时出现8430m³/s的入库洪峰流量,列1958年建库以来历史洪峰第2位,洪水由起涨到峰顶历时18h左右。大伙房水库入库流量与库水位过程线见图4-7。

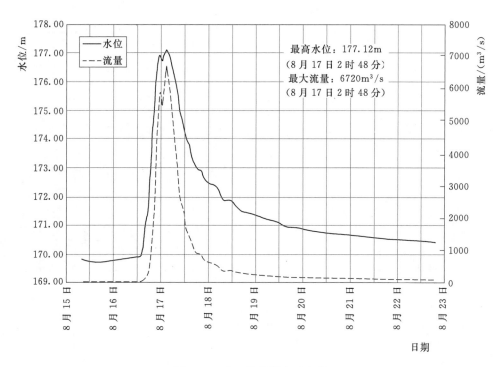

图 4-6　北口前站洪水过程线

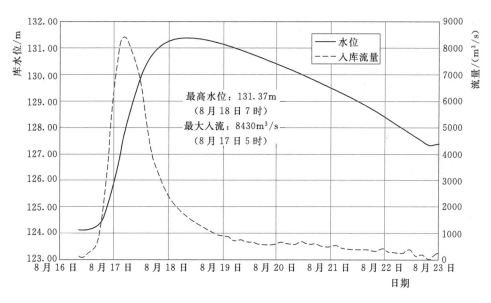

图 4-7　大伙房水库入库流量与库水位过程线

2. 辽河

支流寇河松树水文站洪水于 8 月 16 日 9 时起涨，16 日 23 时出现 2150m³/s 洪峰流量，为新中国成立以来第 1 位洪水，洪水由起涨到峰顶历时 14h 左右，水位上升 3.14m。松树站洪水过程线见图 4-8。

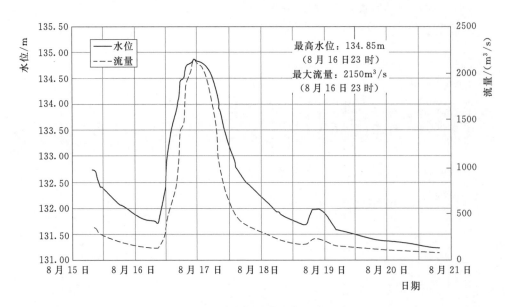

图 4-8　松树站洪水过程线

干流铁岭水文站洪水于 8 月 16 日 11 时起涨，17 日 19 时出现 2160m³/s 洪峰流量，洪水由起涨到峰顶历时近 32h 左右，水位上升 4.63m。铁岭站洪水过程见图 4-9。

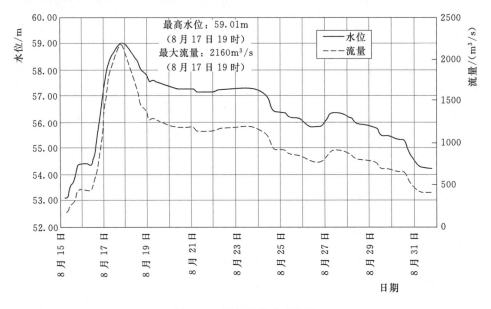

图 4-9　铁岭站洪水过程线

二、洪水组成

大伙房水库的入库洪水主要来自浑河干流、支流苏子河和社河及区间。"8·16"暴雨洪水导致浑河大伙房水库以上干流发生特大洪水，水库入库支流社河发生中洪水，苏子河发生小洪水。

178

浑河干流北口前水文站于 8 月 17 日 2 时 48 分出现 $6720m^3/s$ 洪峰流量，支流苏子河占贝水文站于 8 月 17 日 9 时出现 $842m^3/s$ 洪峰流量，支流社河南章党水文站于 8 月 16 日 19 时出现 $550m^3/s$ 洪峰流量，洪水组合后，大伙房水库于 17 日 5 时出现 $8430m^3/s$ 的入库洪峰，大伙房水库入库洪水组成见表 4 - 10。

表 4 - 10　大伙房水库"8·16"洪水最大洪峰流量及最大 3d、7d 洪量地区组成

河名	站名	洪峰流量		3d 洪量		7d 洪量		流域面积	
		数值 /(m^3/s)	占大伙房水库/%	数值 /亿 m^3	占大伙房水库/%	数值 /亿 m^3	占大伙房水库/%	数值 /km^2	占大伙房水库/%
浑河	北口前	6620	78.5	3.90	53.7	4.36	49.0	1832	33.7
苏子河	占贝	202	2.4	0.94	12.9	1.28	14.4	1902	35.0
社河	南章党	126	1.5	0.34	4.7	0.42	4.7	334	6.1
北—占—南—大区间		1482	17.6	2.09	28.7	2.84	31.9	1369	25.2
浑河	大伙房水库	8430	100	7.27	100	8.90	100	5437	100

三、洪水特点

1. 洪水量级大

浑河大伙房水库以上流域的干流及部分中小河流突破历史极值。浑河北口前水文站于 17 日 2 时 48 分出现 $6720m^3/s$ 洪峰流量，为新中国成立以来第 1 位；清河支流寇河松树水文站于 16 日 23 时出现 $2150m^3/s$ 洪峰流量，为新中国成立以来第 1 位。

2. 洪水涨幅快

浑河北口前水文站 17 日 2 时 48 分洪峰流量 $6720m^3/s$，洪水由起涨到峰顶仅 12h 左右，水位上升 6.92m，最大流速达 7m/s。

四、洪水重现期

"8·16"洪水过后，为了分析此次暴雨洪水对浑河流域设计洪水成果的影响，辽宁省水利水电勘测设计院对暴雨中心区各主要控制站的设计洪水成果做了全面复核，提出新的设计洪水成果。由于本次洪水的暴雨中心在大伙房水库以上流域，故重点分析大伙房水库以上流域各水文站以及工程所在地点的设计洪水，主要对干流北口前水文站、红河四道河子水文站、苏子河占贝水文站、社河南章党水文站设计洪水进行了复核。本次分析增加了海阳河南口前水文站设计洪峰成果及其他各站最大 24h 设计洪量。

参照新设计成果，并考虑浑河的历史洪水文献考证，经专家综合论证，确定浑河干流北口前水文站 17 日 2 时 48 分出现 $6720m^3/s$ 洪峰流量，重现期超 200 年，为特大洪水；浑河支流海阳河南口前水文站洪峰流量为 $2050m^3/s$，重现期 500 年，为特大洪水；浑河支流红河四道河子水文站洪峰流量 $4490m^3/s$，重现期 500 年，为特大洪水；浑河支流社河南章党水文站 16 日 19 时出现 $550m^3/s$ 洪峰流量，重现期近 10 年，为中等洪水；大伙房水库 17 日 5 时出现 $8430m^3/s$ 的入库洪峰流量，根据《辽河流域防洪规划》，重现期超 50 年，为特大洪水。

根据《清河水库加固初设》，辽河支流寇河松树水文站最大洪峰流量 2150m³/s，重现期 50 年，为特大洪水；辽河支流碾盘河耿王庄水文站最大洪峰流量 1140m³/s，重现期超 20 年，为大洪水；辽河支流清河八棵树水文站最大洪峰流量 1270m³/s，重现期超 10 年，为中洪水；辽河支流清河开原水文站最大洪峰流量 1910m³/s，重现期超 5 年，为中洪水。最大洪峰流量重现期统计见表 4-11。

表 4-11　　　　　"8·16" 暴雨洪水最大洪峰流量重现期统计

河名	站名	最大洪峰流量/(m³/s)	重现期/a	河名	站名	最大洪峰流量/(m³/s)	重现期/a
寇河	松树	2150	50	海阳河	南口前	2050	500
清河	八棵树	1270	超 10	红河	四道河子	4490	500
碾盘河	耿王庄	1140	超 20	社河	南章党	550	近 10
清河	开原	1910	超 5	浑河	大伙房水库	8430	超 50
浑河	北口前	6720	超 200				

第四节　水库拦蓄分析

2013 年 "8·16" 暴雨洪水期间，辽浑太河流域大型水库在调洪中发挥了重要的作用，拦蓄水量 10.81 亿 m³，其中，大伙房水库、清河水库的拦洪削峰作用最为明显。

一、大伙房水库

在 "8·16" 暴雨洪水期间，大伙房水库上游的北口前水文站 17 日 2 时 48 分出现 6720m³/s 的洪峰流量（新中国成立以来的第 1 位洪水）。水库于 17 日 5 时出现 8430m³/s 的入库洪峰流量，本次洪水列建库以来历史洪峰第 2 位，重现期超过 50 年，属于特大洪水。入库洪水总量 8.4 亿 m³，重现期为 20 年。

为减轻下游河道防洪压力，大伙房水库在前期充分预留防洪库容的情况下，8 月 17 日 11 时前均以 22.4m³/s 流量下泄，于 11 时 40 分开始向下游河道泄洪，下泄流量为 251m³/s，之后逐渐增大下泄流量，18 日 0 时 10 分泄量增至 1500m³/s，削减洪峰流量 6930m³/s，削峰率 82%，为下游河道错峰 19h。在本次洪水过程中，大伙房水库科学调度，充分发挥水库拦洪削峰作用，确保浑河下游抚顺—沈阳河段水位在警戒水位以下，保障了浑河下游防洪安全。大伙房水库出库、入库流量过程见图 4-10。

二、清河水库

在 "8·16" 暴雨洪水期间，清河水库于 8 月 17 日 0 时出现 2000m³/s 入库洪峰流量，重现期超过 10 年，属于中洪水。7d 洪量为 2.82 亿 m³，重现期小于 10 年。

为减轻下游河道行洪压力，确保堤防安全，清河水库于 8 月 17 日 16 时开始泄洪，下泄流量 100m³/s，之后逐渐增大下泄流量，17 日 17 时下泄流量增至 300m³/s，削减洪峰

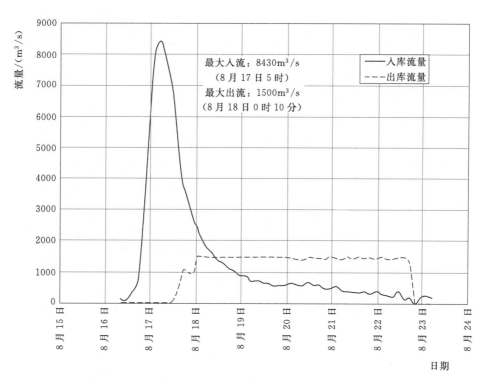

图 4-10 大伙房水库出库、入库流量过程

流量 $1700m^3/s$，削峰率 85%，水库为下游河道错峰 17h。清河水库出库、入库流量过程见图4-11。

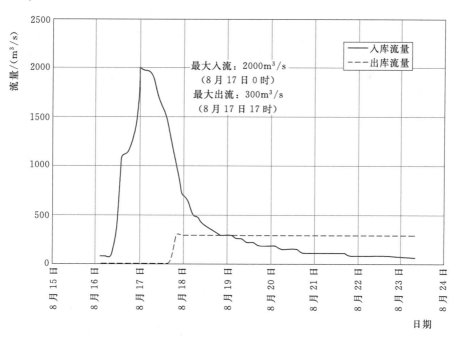

图 4-11 清河水库出库、入库流量过程

第五节 暴雨洪水调查

一、暴雨调查

受蒙古气旋和华北倒槽共同影响，8月15日8时至17日8时，抚顺地区普遍降雨。本次降雨过程中，主要降雨区域出现在大伙房水库以上流域。抚顺市境内浑河流域共收集到124处雨量站观测资料，雨量站密度为58.8km²/站，其中大伙房水库以上75处，大伙房以下49处。这些站点布设合理、分布均匀（见图4-4），资料精度较高，控制住了暴雨中心及过程，不需要另外进行暴雨调查，只需要对抚顺地区124个雨量站资料进行分析整理即可。本次暴雨期间，93.5％雨量站基本运行正常，每小时均有自动记录雨量观测资料。部分站点由于暴雨强度过大被冲毁，资料不全，经灾后数据提取补救以及邻站对照插补订正后，降雨资料可以采用。

二、洪水调查

（一）洪水调查断面

抚顺市大伙房水库以上浑河流域中共布设水文站3处，分别为北口前、占贝、南章党。3处水文站均有长系列观测资料，并且在本次洪水期间没有中断观测，洪水资料完整，精度高。同时根据暴雨分布和灾害情况，在暴雨洪水重灾河段布设了7处调查断面，分别为清原河段、四道河子河段、北口前河段、暖泉子河段、海阳河段、苍石河段、北杂木河段。7处调查断面主要调查验证浑河干流北口前水文站及海阳河南口前水文站洪峰流量。

为了对此次洪水调查成果进行校核，对大伙房水库以上浑河流域其他重要控制河段布设了5处调查断面，分别为湾甸子河段、英额门河段、敖家堡河段、永陵河段、五龙河段。其中，湾甸子河段、敖家堡河段分别位于四道河子河段以上干支流，用于校核四道河子河段调查成果；英额门河段位于清原河段以上，用于校核清原河段调查成果；永陵河段位于占贝水文站以上，用于校核占贝水文站成果；五龙河段位于南章党水文站以上，用于校核南章党水文站成果。抚顺市调查河段及水文站位置示意见图4-12，大伙房水库以上浑河流域洪水调查站与校核站基本情况见表4-12。

（二）洪水调查成果

北口前断面洪水调查采用的是比降面积法，由于洪痕明显，计算结果相对可靠。洪水调查结果，北口前水文站出现历史最大洪峰流量6720m³/s。北口前水文站在洪水期间，采用中泓浮标法抢测到洪峰流量6700m³/s，与比降面积法计算的结果6720m³/s接近。分析北口前水文站上游清源断面、四道河子断面，下游北杂木断面调查流量成果，在双对数曲线图上呈直线排列，北口前调查流量在合理范围。利用降雨径流关系对北口前水文站调查流量进行复核，径流系数小于1，说明合理。根据大伙房水库入库水量还原计算，验证北口前水文站流量在合理范围。将历史相似年1995年的水位流量关系延长，并以此作为参考，比较调查流量的合理性，判断其在合理范围内。浑河流域大伙房水库以上各水文站和洪水调查断面洪峰流量成果见表4-13。

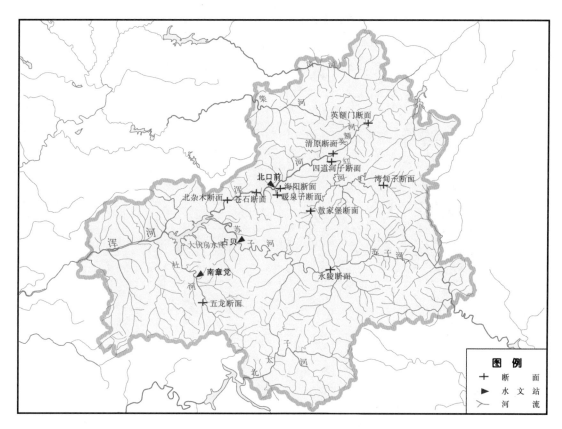

图 4-12　抚顺市调查河段及水文站位置示意图

表 4-12　浑河大伙房水库以上浑河流域洪水调查站与校核站（水文站）基本情况

序号	站名	河名	集水面积/km²	地　点	调查目的（作用）
1	清原	英额河	580	清原满族自治县清原镇	校核北口前水文站洪峰
2	四道河子	红河	832	清原满族自治县清原镇四道河村	校核北口前水文站洪峰
3	北口前	浑河	1832	清原满族自治县南口前镇北口前村	校核北口前水文站洪峰
4	暖泉子	暖泉子河	52	清原满族自治县南口前镇暖泉子村	校核南口前水文站洪峰
5	海阳	海阳河	138	清原满族自治县南口前镇海阳村	校核南口前水文站洪峰
6	苍石	浑河	2126	清原满族自治县红透山镇仓石村	校核北口前水文站洪峰
7	北杂木	浑河	2670	清原满族自治县红透山镇北杂木村	校核北口前水文站洪峰
8	英额门	英额河	280	清原满族自治县英额门镇	校核清原河段调查成果
9	湾甸子	红河	359	清原满族自治县湾甸子镇	校核四道河子河段调查成果
10	敖家堡	黑牛河	184	清原满族自治县傲家堡乡	
11	永陵	苏子河	1155	新宾满族自治县永陵镇西堡村	校核占贝水文站成果
12	五龙	社河	129	抚顺县后安镇五龙村	校核南章党水文站成果

表 4-13　　　浑河流域大伙房水库以上各水文站和洪水调查断面洪峰流量成果

河名	断面名称	相应水位 /m	峰现时间	洪峰流量 /(m³/s)	断面性质	可靠度
英额河	英额门	296.08	8月16日	390	水位站	可靠
英额河	清原		8月16日	943	洪调点	可靠
红河	湾甸子		8月16日	432	水位站	可靠
黑牛河	敖家堡		8月16日	683	洪调点	可靠
红河	四道河子		8月16日	4490	洪调点	可靠
浑河	北口前	177.12	8月17日2时48分	6720	水文站	可靠
海阳河	海阳		8月16日	1390	洪调点	可靠
暖泉子河	暖泉子		8月16日	670	洪调点	可靠
浑河	苍石		8月17日	7600	洪调点	可靠
浑河	北杂木		8月17日	8030	洪调点	可靠
苏子河	永陵		8月16日	670	洪调点	可靠
苏子河	占贝	95.55	8月17日9时	842	水文站	可靠
社河	五龙		8月16日	410	水位站	可靠
社河	南章党	89.66	8月16日19时	547	水文站	可靠

洪水调查各断面调查成果见表 4-14～表 4-17 和图 4-13～图 4-17。

表 4-14　　　　　　　　　北口前河段洪水调查整编情况说明

水系：浑河	河名：浑河		地点：清原满族自治县南口前镇			集水面积：1832km²
洪水调查和整编工作概况	调查单位		调查时间	主要调查人		洪水发生时间
	辽宁水文水资源勘测局抚顺分局		2013年9月6日	陈　俊　孙天伟 闫广旭　王世德		2013年8月16日
	据省水文局的布置和要求，对该河段进行洪水调查，以调查资料为依据进行洪峰流量资料整编					
流域概况	该站以上流域形状呈不规则扇形，为东部山区，两岸耕地为砂壤土，植被良好，境内有英额河、斗虎屯河、树基沟河、王家堡河汇入，又有小孤家子、后楼两座中型水库和红河电站，其集水面积为1010km²，为当年调节，对洪水过程有较大影响					
河段形势	该河段顺直长约1500m，洪水时左、右岸均漫滩，断面以上约200m处有公路桥一座，大洪水时略有影响。下游海阳河洪水顶托对本站河道比降有一定影响					
河道断面情况	断面呈U形复式河槽，左岸为居民区、公路及铁路；右岸为耕地。河床质为细砂和卵石组成，大水时受桥束窄影响流心偏左					
引测水准点	引测时间	位置和编号	形式	高程/m	基面	设置单位和时间
	1979年2月	水文站房东10m气象场内，BM145-2	铁管	173.78	大连	北口前（二）水文站，1976年8月16日

测量项目方法和精度	洪痕、纵断面测量均用水文三等测量，平面图用全站仪测量			
洪水访问情况	访问了北口前（二）水文站职工周仕江、李岩，洪痕清楚			
整编成果按大小排序	年份	1995	2013		
	水位/m	175.98	177.12		
	流量 数值/(m³/s)	5330	6720		
	流量 可靠程度	可靠	可靠		
存在主要问题				
备注				

表 4−15 　　　　　　　　　北口前河段洪水痕迹及洪水情况调查表

发生时间（年-月-日）	洪 水 痕 迹			指认人	调查单位及时间（年-月-日）
	所在地点	编号 起点距/m 高程/m	可靠程度		
2013 − 08 − 16	山坡	左₁ Ⅰ −195.5 177.12	可靠	水文站职工	辽宁省水文水资源勘测局抚顺分局 2013 − 09 − 06
2013 − 08 − 16	山坡	左₂ Ⅱ −176.0 176.98	可靠	水文站职工	辽宁省水文水资源勘测局抚顺分局 2013 − 09 − 06
2013 − 08 − 16	山坡	左₃ Ⅲ −189.4 176.86	可靠	水文站职工	辽宁省水文水资源勘测局抚顺分局 2013 − 09 − 06
2013 − 08 − 16	山坡	右₁ Ⅰ 277.6 177.12	可靠	水文站职工	辽宁省水文水资源勘测局抚顺分局 2013 − 09 − 06
2013 − 08 − 16	山坡	右₂ Ⅱ 335.3 176.98	可靠	水文站职工	辽宁省水文水资源勘测局抚顺分局 2013 − 09 − 06
2013 − 08 − 16	山坡	右₃ Ⅲ 342.1 176.86	可靠	水文站职工	辽宁省水文水资源勘测局抚顺分局 2013 − 09 − 06

注　本河段洪痕起点距指横断面上的起点距离。

表 4-16　　　　　　　　　　　北口前河段 2013 年实测大断面成果表

施测日期	9月6日	9月6日	施测日期	9月6日	9月6日	施测日期	9月6日	9月6日
断面名称	I	I	断面名称	II	II	断面名称	III	III
最高洪水位	177.12m		最高洪水位	176.98m		最高洪水位	176.86m	
测时水位	169.92m		测时水位	169.82m		测时水位	169.71m	

垂线号	起点距/m	河底高程/m	垂线号	起点距/m	河底高程/m	垂线号	起点距/m	河底高程/m	垂线号	起点距/m	河底高程/m	垂线号	起点距/m	河底高程/m	垂线号	起点距/m	河底高程/m
左岸	-199.1	179.95	48	183.3	169.41	左岸	-176.4	177.12	48	229.0	173.22	左岸	-197.8	177.97	48	245.6	173.16
1	-192.5	176.82	49	193.6	169.25	1	-175.8	176.35	49	234.1	173.44	1	-185.8	176.33	49	253.9	173.43
2	-188.5	176.29	50	203.8	169.29	2	-171.8	172.69	50	239.8	173.84	2	-178.0	172.87	50	257.4	173.55
3	-181.1	175.74	51	214.8	169.42	3	-151.4	172.87	51	241.6	174.12	3	-156.6	172.33	51	258.6	173.66
4	-179.3	174.55	52	218.8	169.92	4	-138.3	173.19	52	248.2	174.93	4	-149.2	173.93	52	272.3	174.16
5	-161.0	173.40	53	224.2	173.14	5	-124.2	173.99	53	260.2	174.69	5	-139.4	174.10	53	283.7	173.92
6	-140.0	172.88	54	227.5	173.22	6	-118.4	173.79	54	270.5	174.53	6	-132.0	173.13	54	294.4	173.83
7	-123.4	174.33	55	235.5	174.01	7	-115.4	172.75	55	281.5	174.35	7	-109.8	173.02	55	301.3	173.72
8	-108.5	175.15	56	240.6	174.61	8	-107.2	172.39	56	288.5	174.83	8	-106.1	174.38	56	312.5	173.66
9	-101.2	175.67	57	245.8	174.43	9	-97.2	173.02	57	301.5	174.88	9	-102.3	174.40	57	324.6	173.75
10	-98.9	176.48	58	253.8	175.18	10	-90.5	174.58	58	314.7	175.18	10	-101.2	175.03	58	329.8	174.11
11	-97.5	176.41	59	266.8	177.04	11	-86.1	175.04	59	325.6	175.54	11	-96.8	174.91	59	340.7	175.97
12	-95.5	174.79	60	277.6	177.12	12	-64.0	175.04	60	333.9	175.69	12	-92.5	174.91	60	342.1	176.86
13	-93.8	174.78	右岸	290.0	177.70	13	-63.0	174.13	61	336.1	177.01	13	-86.9	174.07	右岸	344.3	177.69
14	-92.5	175.56				14	-56.4	174.42	右岸	341.3	177.22	14	-86.9	177.01			
15	-89.4	175.56				15	-56.4	177.40				15	-61.9	177.01			
16	-88.4	174.79				16	-28.8	177.30				16	-61.9	174.32			
17	-82.8	174.73				17	-28.8	175.06				17	-40.5	174.35			
18	-80.7	175.41				18	-16.0	174.26				18	-40.5	177.10			
19	-67.5	175.26				19	-9.8	174.98				19	-7.8	177.12			
20	-61.7	174.39				20	-9.8	177.81				20	-7.8	174.05			
21	-45.5	176.61				21	5.2	177.80				21	5.2	173.79			
22	-45.5	180.35				22	5.2	174.42				22	6.5	173.52			
23	-37.7	180.35				23	12.2	174.44				23	14.5	173.53			
24	-37.7	176.62				24	20.2	173.78				24	22.0	174.02			
25	-29.2	175.41				25	34.8	173.65				25	46.9	173.66			
26	-29.2	176.70				26	39.5	173.89				26	53.2	173.67			
27	0.0	176.70				27	58.0	173.81				27	63.0	173.72			
28	0.0	174.09				28	60.5	173.38				28	66.2	173.52			
29	8.6	174.49				29	63.9	172.77				29	70.4	173.25			
30	17.5	174.38				30	69.9	172.65				30	81.8	172.41			
31	21.8	175.00				31	81.5	172.60				31	93.5	172.28			
32	35.8	175.04				32	91.5	172.54				32	104.5	171.77			
33	44.8	174.46				33	101.4	171.55				33	107.9	171.86			
34	55.0	174.05				34	111.6	171.12				34	111.0	171.73			
35	58.8	173.97				35	122.3	170.70				35	121.5	171.25			

186

垂线号	起点距/m	河底高程/m	垂线号	起点距/m	河底高程/m	垂线号	起点距/m	河底高程/m	垂线号	起点距/m	河底高程/m	垂线号	起点距/m	河底高程/m	垂线号	起点距/m	河底高程/m
36	67.5	172.22				36	133.5	170.65				36	133.2	170.95			
37	83.4	171.95				37	145.1	169.95				37	144.6	170.77			
38	96.3	170.89				38	152.3	169.82				38	154.9	170.55			
39	104.6	170.86				39	159.7	169.81				39	162.2	170.22			
40	112.5	170.76				40	168.7	169.81				40	167.5	169.71			
41	113.6	170.92				41	176.0	169.71				41	176.2	169.68			
42	121.8	170.96				42	186.1	169.66				42	189.3	169.62			
43	135.5	170.80				43	194.5	169.44				43	199.7	169.69			
44	149.5	170.43				44	204.3	169.67				44	210.8	169.45			
45	159.8	169.92				45	216.1	169.45				45	221.7	169.32			
46	164.3	169.60				46	220.1	169.35				46	230.2	169.71			
47	174.8	169.55				47	224.0	169.82				47	236.9	171.86			

备注	河床情况：

表 4－17　　　　北口前河段洪峰流量（比降法）计算成果表

洪水发生时间（年-月-日）	断面编号	洪水位/m	水面比降/‰	部分名称	断面面积/m²	水面宽/m	水力半径/m	糙率	平均流速/(m/s)	流量/(m³/s)
2013-08-16										
	上	177.12			534	252	2.12			
	中	176.98	13.0	左滩	612	237	2.58	0.075	0.915	560
	下	176.86			598	251	2.38			
	上	177.12			1090	169	6.45			
	中	176.98	13.0	主槽	1110	181	6.13	0.026	5.22	5790
	下	176.86			1130	194	5.82			
	上	177.12			246	73.8	3.33			
	中	176.98	13.0	右滩	195	94.4	2.07	0.040	1.90	370
	下	176.86			235	83.5	2.81			
	采用									6720
计算方法及主要参数的确定	糙率依据河流特性，并参照《水工建筑物与堰槽测流规范》（SL 537—2011）选取									
备注										

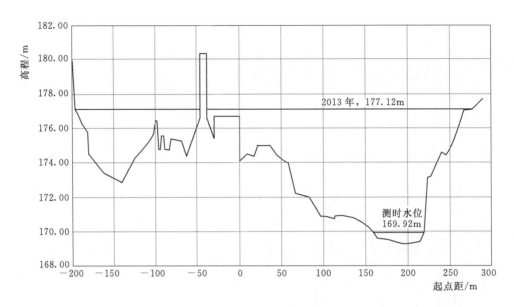

图 4-13　北口前河段横断面图（假定基面；断面编号：Ⅰ；纵起点距：0m）

（测量单位：辽宁省水文水资源勘测局抚顺分局；测量时间：2013 年 9 月 6 日）

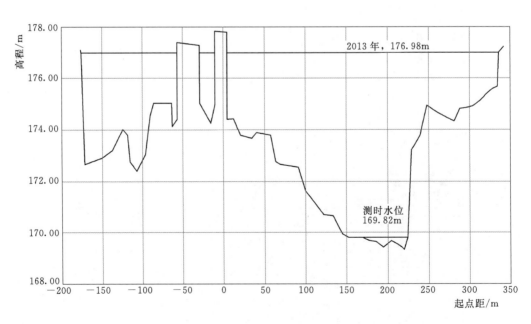

图 4-14　北口前河段横断面图（假定基面；断面编号：Ⅱ；纵起点距：100m）

（测量单位：辽宁省水文水资源勘测局抚顺分局；测量时间：2013 年 9 月 6 日）

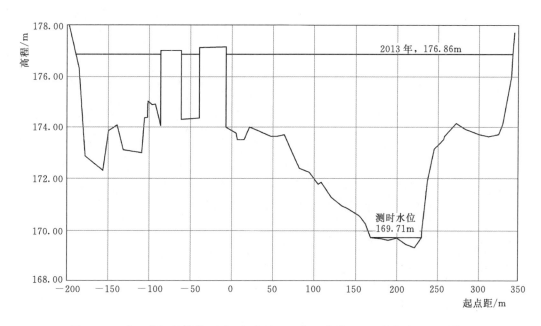

图 4-15　北口前河段横断面图（假定基面；断面编号：Ⅲ；纵起点距：200m）

（测量单位：辽宁省水文水资源勘测局抚顺分局；测量时间：2013 年 9 月 6 日）

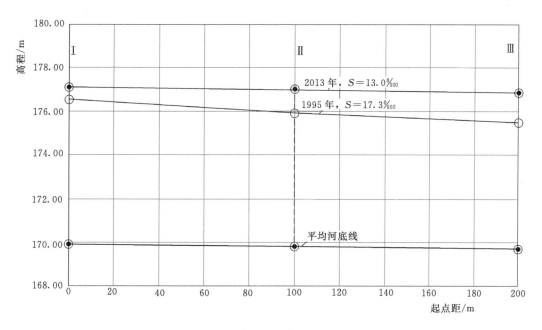

图 4-16　北口前河段纵断面图（假定基面）

（测量单位：辽宁省水文水资源勘测局抚顺分局；测量时间：2013 年 9 月 6 日）

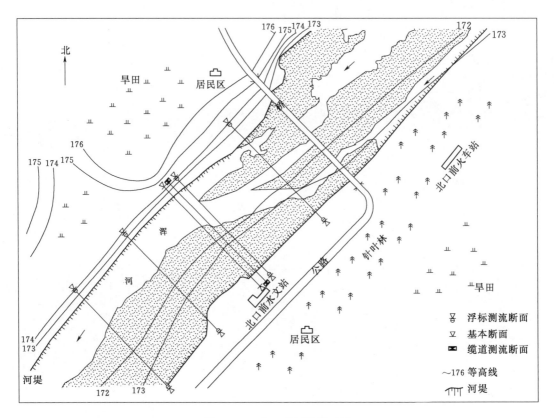

图 4-17　北口前河段平面图

图中标注：北　旱田　居民区　176　175　174　173　172　173　浑　河　公路　针叶林　北口前火车站　北口前水文站　居民区　旱田　河堤　174　173　172　173

图例：
$\Join$　浮标测流断面
∇　基本断面
$\blacksquare$　缆道测流断面
$\sim$176　等高线
河堤

第五章　水文监测与情报预报

2013年黑龙江发生流域性大洪水，受灾面积之大、洪水水位之高、影响范围之广、持续时间之长，都是历史罕见。受灾最为严重的黑龙江省有126个县（市、区）以及农场分局、林业局，916个乡（镇、场）受灾，直接经济损失327.47亿元，其中农业、畜牧业、林业和水利4个行业损失最为严重，直接经济损失分别为143.91亿元、36.73亿元、35.77亿元、30.73亿元，共占总损失的75.47%。依据《洪涝灾情评估标准》（SL 579—2012），认定黑龙江省洪涝灾害等级为特别重大洪涝灾害。

在这场历时两个多月的抗洪斗争中，广大水文职工发扬"求实、团结、奉献、进取"的水文行业精神，克服了种种困难，恪尽职守、精准测报、靠前服务、勇于担当，充分发挥了"耳目、尖兵和参谋"的作用，提前20天预报黑龙江将发生超历史洪水，准确预报了黑龙江流域、辽河流域内各站洪水过程，科学调度了尼尔基水库、丰满水库、大伙房水库、清河水库，极大减少了下游的防洪压力，为各级防汛抗旱指挥部门科学决策、统一调度提供了科学依据，为防洪抢险赢得了宝贵时间，为夺取抗洪斗争的全面胜利提供了坚强有力的技术支撑。中俄两国及时交换水情信息，共同应对洪水，也得到了两国领导人的高度赞誉。黑龙江省水文系统有6个单位获得"2013年黑龙江省抗洪救灾先进集体"、15人获得"2013年黑龙江省抗洪救灾先进个人"荣誉称号。

第一节　水　文　监　测

为及时掌握、了解暴雨洪水状况，准确提供情报预报，流域内各级水文部门及广大职工克服种种困难，在人烟稀少的地点设立临时观测站，高强度加密观测段次，冒着生命危险抢测洪峰，凭借舍生忘死的奉献精神、现代的技术手段和精湛的专业技能，为抗洪抢险指挥决策提供了大量可靠的水情信息。

历史上，松辽流域流量监测的常规手段是流速仪测法，嫩江、松花江、黑龙江干流等大江大河采用测船流速仪法，一次测验至少需要4~5h。2013年洪水时个别断面宽度达到5000m以上，由于采用声学多普勒流速剖面仪（ADCP）作为大江大河施测流量的常规手段，使一次测验时间缩短到1~2h，大大缩短了测流时间，增加了测流次数，提高了洪水预报的精度。肇源水位站是洪水进入松花江的第一站，该站的洪水过程测报精度直接影响到整个松花江干流的预测预报。按照黑龙江省委、省政府抗洪抢险"两条战线"的总体战略中嫩江、松花江"死守肇源"的决策部署，急需肇源站流量作为决策依据，黑龙江省水文局在不具备流量测验条件的情况下，制定临时测流方案，随着洪峰推进跟踪监测。此时肇源站已经被洪水围困，站房进水达1.5m深，测流断面宽达4700m，一次测流就需3h以上，每天凌晨4点前准时开始一天的测报工作，在早8点前测取第一个流量数据，关键时刻每小时测报1次水位，每天至少要实测3次流量，直到完成肇源江段整个洪水过程的测验任务，为肇源县抗洪抢险和准确预报下游哈尔滨、通河、依兰、佳木斯、同江等松花江沿岸重要城市洪峰到达的时间、水位和流量奠定了坚实基础。

黑龙江干流是国际界河，根据有关协议，只有松辽委水文局管辖的洛古河、上马厂、卡伦山、太平沟等4处水文站可以测流，汛期每站每月施测5次流量，2013年8月中旬至9月上旬，这些站平均每天测流1次，是正常工作量的6倍，有效解决了黑龙江上游及中游同江以上的流量问题。而同江以下没有流量站，历史上也没有可参考的流量信息，对洪水分析、预报造成很大影响，为解决这个问题，黑龙江省水利厅协调省外办、省军区、同江政府、同江外事办、同江边防等部门，紧急办好过境测流手续，落实了测量船只，黑龙江省水文局经勘查分析，选择街津口作为流量断面，在8月29日、31日共实测流量4次，抢测了洪峰，为黑龙江的洪水分析预报和防汛指挥决策获取了宝贵的第一手数据。该断面最宽超过10 km，最大水深20m，最高流速接近4m/s，单次测流时间4个多小时，水中存在大量或明或暗的枯枝、断树及树丛，江面各种漂浮物顺流而下，测流过程中人员和设备都面临极大的危险。运送人员和设备的大船在锚泊时，船舱玻璃被断树撞碎；测流过程中装载设备的测量船被风浪掀翻，测流仪器被损坏，正是在这样恶劣的自然条件下，水文职工冒着生命危险完成了界河测验工作。

2013年大洪水中，嫩江、松花江、黑龙江干流超警河段长达3140km，占河流总长度的75%。现有监测站平均间距140km，最大间距227km，洪水最长传播时间1周左右，黑龙江省水文局增设了26处临时观测断面，这些地点没有站房，条件极其艰苦，有的地方没水没电蚊虫多，有的地方时刻面临堤防随时溃口的危险，有的在小船上观测，船小浪大，一不小心人与小船就会被掀翻在水里。最危急的时候，每天1h观测1次水位，有效解决了站网密度不足、测站间距大的问题。黑龙江干流有3处堤防发生溃口，黑龙江省水文局职工第一时间到达现场，设立临时站点，测量溃口宽度、水位等关键数据，为估算跑水量提供了第一手数据。

"8·16"洪水期间，辽宁省水文局铁岭水文站职工两天两夜睡眠不足6小时，48小时内上报测流数据57次；松树水文站2名职工在被洪水围困、公网中断情况下坚守岗位，抢测洪峰，通过卫星电话报送水情数据10次。北口前水文站由于电力供应突然中断，洪峰来临时一楼水深达1.57m，技术人员坚持测验到建站以来最大流量，同时成功救助多名遇险群众。

第二节 情报预报

一、密切监视水情雨情，积极主动提供水文服务

在这场罕见的特大洪水期间，各级水文部门积极参与到抗洪指挥决策中，与往年相比发挥的作用更加明显。水利部水文局8月16日派出以刘志雨副总工为组长的技术专家组赶赴黑龙江省，帮助和指导地方的水文情报预报工作，直接参与黑龙江省防汛会商。水利部水文局共编制完成东北地区70个重要断面的洪水预报方案，总计开展洪水预报作业近1000站次，正式发布洪水预报近50期。

松辽委水文局汛期分析处理雨水情信息 1000 余万份，向各类防汛人员发送水情服务短信 4 万余份，接收卫星云图 5000 余幅，接收各类长、中、短期天气预报信息 850 余份，完成《每日水情》122 期、水情气象简报 35 期、水情气象预测预报 100 期。完成降水预报作业 275 次、洪水预报作业 550 余站次，累计发布洪水预报作业成果 350 余站次。

黑龙江省水文局为了给抗洪抢险争取更多的宝贵时间，采取作业预报、越站预报、条件预报相结合，每日滚动分析，为各级领导提供中长期趋势分析预测，共分析处理雨水情信息 330 余万份、制作并发布水情预报 114 期 219 站次，向省领导报送水情专报 36 期、水情态势图 35 期，向 45 个单位、395 名防汛领导和专家发布信息服务和预报短信 47 万条。

吉林省水文水资源局分析处理雨水情信息 325 余万份，提供雨水情信息图表 400 余套，编制雨水情简报 25 期、专题分析材料 54 期，完成流域水情分析 54 期，河道站加强预报 12 期，河道站实时预报 45 站次，水库站加强预报 188 站次，水库站实时预报 135 站次。

内蒙古水文总局分析处理雨水情信息约 5 万份，发布《水情简报》《水情快报》《水情日报》3200 份，《水情月报》3 期，提前 2d 预报海拉尔河坝后水文站洪峰，洪峰流量误差 4%。

辽宁省水文局"8·16"暴雨洪水期间，每隔 1h 向辽宁省防办报送雨量图表、编发短信，共编发《水情简报》3 期、《水情分析》9 期，发布洪水估报 2 次、洪水预报 14 次，平均预报精度 92.2%，特别是在 8 月 17 日 1 时正式发布出北口前站将于 17 日早出现 7000m³/s 洪峰，误差仅为 4.5%。

二、科学分析研判，及时准确预报，当好防汛的参谋

近年来，水利部水文局加大了长期预报的工作力度，每年召开流域机构和部分省区参加的长期预报会商会议，通过交流研讨，提高工作能力。2013 年 3 月份，水利部水文局根据冬春东北地区降水偏多及未来中长期气象预报，分析预测北方江河汛期可能发生较大洪水；黑龙江省水文局在 3 月 18 日的全省防汛抗旱工作视频会议和 6 月 19 日的全省防汛抗旱指挥部成员会议上两次正式发布了"主汛期松花江为中水、黑龙江为中水偏高年份"的预测；吉林省水文水资源局在 5 月初发布的汛期洪水趋势预测中，提出"第二松花江、鸭绿江和东辽河有发生较大洪水的可能"。由于预测结论相似，趋势明显，各单位相应开展汛前准备和防汛组织工作。

水利部提前 10d 预测松花江流域将发生流域性洪水，为部领导及国家防办提前部署防汛抗洪工作提供了重要依据；8 月 9 日，正式发布《松花江洪水预测预报》第 7 期，预报嫩江尼尔基水库最高库水位可能达到 216m，并会同松辽委、黑龙江提前 20d 预测黑龙江下游干流将出现超百年一遇的特大洪水，为国家防办科学调度尼尔基水库提供了决策依据，为防洪抢险、转移人员赢得了宝贵时间；8 月 17 日，发布洪水橙色预警，提醒嫩江、松花江干流沿岸相关单位及社会公众做好洪水防御和避险减灾工作；8 月 15 日至 9 月 19 日，提供黑龙江干流相应区域遥感卫星图片分析成果，与黑龙江省水文局提出同江江段溃堤影响分析意见，为黑龙江干流同江以下江段的水情研判、洪峰预报、指挥决策提供了可靠依据。

松辽委水文局尼尔基水库洪水预报 68 次，预报精度达到 95％以上，提前 5d 预报尼尔基水库水位将超过汛限水位，水库最高库水位预报误差 0.03m，入库洪量误差为 3％，为尼尔基水库后期调度的提供保障，确保防洪调度的顺利完成；白山、丰满水库洪水预报 18 次，落地雨预报平均精度达 90％以上，丰满水库最大 6h 入库流量预报误差仅为 3.5％，7d 洪量预报误差为 1.5％；月亮湖洪水预报 5 次，最高库水位预报误差 0.01m；干流各站洪峰流量预报误差为 2％～5％。

肇源县位于嫩江、第二松花江汇合之处，大江大河堤防长度为全省之最，肇源水位站是肇源县防洪参照站，按照黑龙江省委、省政府"两条战线"抗洪抢险的总体战略中，嫩江、松花江"调控尼尔基、丰满水库泄流，死守肇源堤防"的部署，黑龙江省水文局分析了尼尔基、丰满两座水库 9 种泄流组合情况下肇源站的洪水情况，供领导决策之用，自 7 月 29 日至 8 月 20 日共发布 6 期水情预报，准确预报了该站超警戒水位、保证水位以及洪峰出现的时间，最长预见期达 25d，洪峰水位误差 0.01m；黑龙江是国际界河，有一半以上的流域面积在境外，干流站间距离平均 100km，最长 227km，洪水自洛古河—抚远平均传播时间在 20d 以上，2013 年黑龙江干流上游洪水与俄罗斯境内结雅河、布列亚河洪水、中国境内松花江洪水先后遭遇，俄方结雅、布列亚与我国丰满、尼尔基等 4 座大型水库连续调洪，期间不断发生降雨，预报的不确定性增加，自 7 月 30 日至 8 月 20 日发布 8 期水情预报，准确预报了黑龙江干流超过警戒水位、保证水位、历史最高水位的时间，特别是 8 月 10 日在黑龙江省水利厅防汛紧急会议上，果断提出"黑龙江将发生接近或超过 1984 年的大洪水，同江—抚远江段将发生超百年一遇特大洪水，黑瞎子岛将全部淹没"的分析预报，预见期达 20d，对准确研判形势和科学防控洪水起到了关键性作用。汛期洪水预报合格率超过 80％，其中肇源、哈尔滨、奇克、乌云、嘉荫、萝北、同江、勤得利、抚远水位预报误差均小于 0.10m。

三、根据防洪需要，分析预测与预报结合，为抗洪抢险赢得时间

黑龙江干流结雅河汇合口以下 900 多 km 的距离没有一处流量测验断面，只能用传统的以同时水位作为参数的上下游水位相关预报方案进行作业预报，方案本身具有不能跨站预报、不能连续预报的局限性。在水利部水文局的指导下，黑龙江省水文局紧急整理了俄罗斯交换的部分历史资料，分析出黑龙江干流各站的水位流量关系，进一步将水位查算出流量，利用中国洪水预报系统编制了降雨产流、河道汇流、洪水演算等预报方案，部水文局同时将中国洪水预报系统升级，增加了水位流量自动转换等功能，仅仅利用 3 天时间就建立了一套完整的黑龙江流域预报模型，与传统预报方案结合开展黑龙江洪水预报工作。

由于本次洪水历时长，情况多变，针对这种情况，流域内各级水文部门采取洪水趋势分析与水文作业预报相结合的方法，一方面尽量延长预见期，同时保证预报的准确性，为抗洪抢险赢得时间。7 月 30 日，发布"黑龙江干流黑瞎子岛将大部分被淹"的预报，开启了黑龙江干流防洪的序幕，8 月 1 日发布"黑龙江干流呼玛、黑河、逊克等县水位将超过警戒水位"的预测，8 月 3 日再一次发布"勤得利、抚远等站将超警戒水位，黑瞎子岛全部被淹"的预报，8 月 6 日发布"黑河至同江段超警戒水位 0.3～1.2m，同江至抚远段

超警戒水位 0.8m 左右，黑瞎子岛全岛将被淹没"的预报，8 月 10 日发布"黑龙江将发生接近或超过 1984 年的大洪水，同江至抚远江段将发生超百年一遇特大洪水，黑瞎子岛将全部淹没"趋势分析，8 月 20 日发布"黑龙江嘉荫以下将全线超过 1984 年最高水位"的预报，上述几个预测预报节点对黑龙江干流防洪工作开展起到了指导性作用。

　　根据各级水文部门发布的预报，各级领导和防汛指挥部门对抗洪抢险作出一系列部署：8 月 2 日黑龙江省防汛抗旱指挥部下发《关于切实加强黑龙江、松花江、嫩江洪水防范工作的紧急通知》，8 月 5 日启动黑龙江省Ⅲ级防汛应急响应，8 月 7 日下发《关于切实做好黑龙江干流抗洪抢险工作的紧急通知》，8 月 12 日启动黑龙江省Ⅱ级防汛应急响应，8 月 16 日启动黑龙江省Ⅰ级防汛应急响应；8 月 14 日，黑龙江省领导决定肇源县按 $12000 \text{m}^3/\text{s}$ 设防，死守肇源，肇源县及时加高加固堤防，成功实现防御目标；8 月 14 日，齐齐哈尔市防汛紧急会议上，决定暂缓启动Ⅱ级预案，避免了堤防、桥梁爆破损失；8 月 17 日，哈尔滨市政府根据哈尔滨站预报洪峰水位 119.50m，决定启动防汛Ⅲ级应急响应；8 月 19 日，伊春市根据嘉荫江段预报成果采取措施，增派抢险队伍、机械、物资加固堤防，使黑龙江嘉荫堤防成功抵御洪水。

附录 A　降　雨　资　料

分析 2013 年黑龙江流域暴雨洪水，在中国境内选取了 729 站降雨资料，在俄罗斯境内选取了 117 站降雨资料，同时在全球降水气候中心网站下载 30 年均值资料。黑龙江流域雨量站网分布见附图 A-1（见文后彩插）。

一、黑龙江流域（中国境内）降雨资料

本次分析，在中国境内选用了 729 站降雨资料进行分析，这些资料分布情况见附表 A-1。

附表 A-1　　　　　黑龙江流域（中国境内）雨量站网情况

流域及水系分区	黑龙江流域（中国境内）	水　系					
		额尔古纳河	黑龙江干流	乌苏里江	嫩江	第二松花江	松花江干流
面积/km²	90.24	16.4	11.74	5.98	29.85	7.34	18.93
采用站数/处	729	7	75	34	155	172	286
站网密度/(km²/站)	1240	23430	1570	1760	1930	430	660

采用加权平均法计算黑龙江流域（中国境内）平均降雨量，其权重系数见附表 A-2。

附表 A-2　　　　黑龙江流域（中国境内）平均雨量计算权重系数

流域及水系分区	黑龙江流域（中国境内）	水　系					
		额尔古纳河	黑龙江干流	乌苏里江	嫩江	第二松花江	松花江干流
权重系数	1	0.182	0.13	0.066	0.331	0.081	0.21

二、黑龙江流域（俄罗斯境内）降雨资料

黑龙江流域（俄罗斯境内）117 站降雨资料分布情况见附表 A-3。

附表 A-3　　　　　黑龙江流域（俄罗斯境内）雨量站网情况

流域及水系分区	黑龙江流域（俄罗斯境内）	水　系					
		石勒喀河	额尔古纳河	结雅河	布列亚河	黑龙江干流	乌苏里江
面积/km²	92.89	20.6	4.91	23.3	7.07	23.41	13.6
采用站数/处	117	21	7	18	7	47	17
站网密度/(km²/站)	7940	9810	7010	12940	10100	4980	8000

采用加权平均法计算黑龙江流域（俄罗斯境内）平均降雨量，其权重系数见附表
A-4。

附表 A-4　　　　　　黑龙江流域（俄罗斯境内）平均雨量计算权重系数

流域及水系分区	黑龙江流域（俄罗斯境内）	水　系					
		石勒喀河	额尔古纳河	结雅河	布列亚河	黑龙江干流	乌苏里江
权重系数	1	0.222	0.053	0.251	0.076	0.252	0.146

三、流域内多年平均降雨资料

由于缺少黑龙江流域（俄罗斯境内）多年平均降雨量资料，因此本次分析采用了
GPCC（Global Precipitation Climatology Centre，美国全球降水气候中心）月降水量资料
集。时间序列从 1901 年 1 月至 2010 年 12 月，分辨率 0.5°×0.5°。采用的降雨均值系列
是 1981—2010 年 30 年平均资料。

四、流域内多年平均气温资料

由于缺少黑龙江流域（俄罗斯境内）多年平均气温资料，因此本次分析采用了（NO-
AA）GHCN _ CAMS Land Temperature Analysis（美国海洋与大气管理局）全球历史气
候网和气候异常监测系统陆地气温格点资料。时间序列自 1948 年至 2010 年 12 月，分辨
率 0.5°×0.5°。采用的气温均值系列是 1981—2010 年 30 年平均资料。

附录 B 黑龙江历史洪水概况

据调查、实测和有关资料记载，黑龙江 1872 年、1897 年、1928 年、1929 年、1956 年、1958 年、1959 年、1972 年、1984 年、2013 年等年份夏秋季均发生过特大和较大洪水。

黑龙江干流中国各测站多建于 20 世纪 50 年代，1951 年以前历史洪水资料不全，1872 年、1897 年、1928 年大洪水黑龙江中国一侧没有测站，所有洪峰水位均为调查推测。1872 年无灾情记载，1897 年有少量灾情记载，1928 年有较详细的灾情记载。黑龙江各段历史洪水考证期长短不一，黑河以上 1872 年为 1855 年以来第 1 位大洪水；黑河至萝北段 1872 年为 1872 以来第 1 位大洪水；同江—抚远段 2013 年为 1898 以来第 1 位大洪水。

各河段历年较大洪水洪峰水位排序见附表 B-1。

一、1872 年

据苏联出版的《黑龙江水文概况》（Б·А·柴伊科夫）记载：1872 年 6—7 月黑龙江发生过一次大水，是俄罗斯 1855—1994 年间的最大洪水。苏联洪水调查结果（苏联太平洋流域 1936—1939 年、1955 年《水文年鉴》第 9 卷）：契尔尼亚沃站 1872 年洪水比 1958 年高出 1.22m。黑龙江省水文局 1965 年、1975 年洪水调查时，逊克县高汉滩村等 70 岁以上老人说"约 90 年前，黑龙江涨过一场大水，水到山根底下，水到房檐、漫了甸子，灌入大岩河"，比 1958 年高 2m 左右。1872 年洪水是由黑龙江上游和结雅河同时涨水形成，为同江（松花江汇合口）以上江段 1855—2013 年第 1 位洪水。

二、1897 年

据苏联远东水文气象研究所 K.T. 包伊科娃所著《黑龙江流域各江河洪水之概述》记载：1897 年石勒喀河，黑龙江上、下游发生特大洪水，中游为大洪水和一般洪水。有关文献一书记载：1897 年夏天雅布罗诺威岭（外贝加尔湖以东，外兴安岭一部分）地带下了非常大的雨，布拉格维申斯克 7—8 月降水 514.1mm，比历年同期偏多 114.4%；当年 7 月 28 日，石勒喀河上游支流因戈达河泛滥，冲毁把因戈达河岸铁路路基，水退后，所铺的路面比旧的路面高出 6.4m。1897 年黑龙江上游洪水量级接近 1959 年、1971 年；中游同江（松花江口）以上江段接近 1998 年；中游同江—抚远江段低于 2013 年，为 1897—2013 年第 2 位洪水。

三、1928 年

有关文献记载：1928 年 7 月黑龙江支流结雅河下了非常大的雨，其中结雅市整整下了 22d 的雨，从 7 月 20 日起连下 3d 大暴雨，7 月 22 日夜里到 23 日夜里，结雅市被全部

附表 B-1

黑龙江（夏汛）历史洪水情况

河段	测站	第1位 年份	水位/m	第2位 年份	水位/m	第3位 年份	水位/m	第4位 年份	水位/m	第5位 年份	水位/m	第6位 年份	水位/m	第7位 年份	水位/m	第8位 年份	水位/m	首位洪水考证期①/a
上游	波克洛夫卡	1872	12.40	1958	12.39	1956	8.98	1988	8.53	1914	8.52	1933	8.29	1936	8.14	1998	8.08	159
	漠河	1872	102.56	1958	102.55	1956	99.32	1988	97.46	1998	97.22	1953	97.05	1959	96.69	1959	96.69	159
	加林达	1872	11.40	1958	11.38	1942	8.21	1933	8.13	1956	7.94	1929	7.91	1914	7.77	1984	7.70	159
	开库康	1872	102.15	1958	101.46	1984	98.86	1998	98.32	1956	98.20	1988	97.74	1959	97.65	1993	97.55	159
	切尔尼亚沃	1872	12.60	1958	11.84	1984	8.84	1929	8.55	1914	8.50	1956	8.38	1998	8.20	1993	8.02	159
	欧浦	1872	104.53	1958	103.71	1984	缺测	1956	100.10	1959	99.29	1998	缺测	1997	99.30	1988	99.17	159
	呼玛	1872	103.78	1958	103.31	1984	101.65	1956	101.21	1998	101.12	1993	100.71	1988	100.63	2013	100.51	159
	库马拉	1872	13.90	1958	12.27	1984	9.64	1933	9.56	1956	8.92	1959	8.89	1914	8.77	1998	8.59	159
	三卡	1872	103.70	1958	102.80	1897	102.20	1984	101.30	1959	100.31	1956	100.25	1998	99.97	1998	99.97	159
	黑河	1872	100.10	1958	99.13	1984	98.19	1959	98.00	1997	97.72	1972	97.27	1956	97.02	1953	96.95	142
中游上	格罗恋克沃	1872	13.40	1958	12.02	1928	11.94	1984	11.71	1959	11.60	1972	11.45	1953	11.20	1938	11.12	142
	奇克	1872	101.83	1958	100.61	1984	100.33	2013	100.30	1959	100.24	1972	99.93	1953	99.81	1951	99.20	142
	乌云	1872	101.73	1928	100.40	1984	100.40	2013	100.25	1972	99.75	1958	99.70	1959	99.66	1961	99.45	142
	嘉荫	1872	102.56	2013	100.88	1928	100.78	1984	100.47	1958	100.11	1959	100.06	1972	99.78	1961	99.36	142
	彭比耶夫卡	1872	17.50	2013				1984	15.20	1958	14.79	1959	14.74	1972	14.35	1961	13.89	142
	叶卡捷琳娜	1872	12.30	2013		1928	11.38	1984	10.97	1958	10.65	1959	10.63	1902	10.31	1972	10.30	142
	萝北	1872	100.72	2013	99.85	1928	99.62	1984	99.57	1958	98.94	1972	98.92	1959	98.89	1961	98.53	142
中游下	列宁斯科耶	2013	10.00	1897	10.00	1898	9.52	1984	9.35	1959	9.18	1951	9.00	1960	8.99	1957	8.94	117
	勤得利	2013	48.65	1897	47.53	1984	47.15	1959	46.97	1951	46.85	1972	46.85	1960	46.80	1998	46.77	117
	抚远	2013	89.88	1897	88.73	1984	88.33	1951	88.05	1972	87.97	1985	87.96	1957	87.96	1956	87.94	117

① 首位洪水考证期是指首位洪水调查考证期距 2013 年的年数。

199

淹没。由于结雅河流域大面积、长历时降雨，使结雅河口以下黑龙江干流发生大洪水。1928年黑龙江上游为一般洪水；中游同江（松花江口）以上江段水位低于1897年，为1897—2013年第2～3位洪水；同江—抚远江段水位略低于1957年洪水。

四、1929年

1929年7月初，黑龙江上游发生洪水，其中切尔尼亚沃站水位低于1872年、1958年、1984年，为1897—2013年第4位洪水，其他江段洪水水位接近或略低于1956年。

五、1956年

1956年6月初，黑龙江上游发生洪水，其中波克洛夫卡站水位低于1872年、1958年，为1897—2013年第3位洪水，洪水量级向下游逐渐减小，并与结雅河、布列亚河洪水遭遇，但没有发生大洪水。

六、1958年

1958年7月，黑龙江上、中游发生大洪水。河源石勒喀河和额尔古纳河流域有4次大的降雨过程，加上前期土壤已达到饱和状态，造成黑龙江上游7月中旬大洪水。同时，左岸结雅河流域及右岸额木尔河、呼玛河、公别拉河等流域7月27—30日也有一次暴雨过程，导致上述河流分别发生洪水，并汇入黑龙江，与上游来水遭遇，形成7月下旬黑龙江中游大洪水。1958年黑龙江上游干流洪水水位低于1872年，为1872—2013年第2位洪水；中游同江（松花江口）以上江段水位接近略低于1928年、1984年、2013年洪水，为1971—2013年第2～5位洪水；同江以下江段为一般洪水。

七、1959年

1959年降雨主要集中在黑龙江结雅河上下游干支流，黑龙江上游为一般洪水，但自上而下洪水量级逐渐增加，支流结雅河、布列亚河洪水汇入后，中游发生1872—2013年第5～7位洪水。

八、1972年

1972年黑龙江上游为一般洪水，但结雅河发生特大洪水（别洛戈里耶最大流量22500m³/s，8月1日），布列亚河发生洪水（卡缅卡最大流量17700m³/s，7月8日），中游同江（松花江口）以上江段发生1872—2013年第6～7位洪水；由于松花江洪水不大，同江以下江段洪水水位略低于1928年。

九、1984年

1984年洪水主要由7月下旬至8月上旬先后出现的8场暴雨到特大暴雨形成，雨区集中在黑龙江上游和结雅河、布列亚河，8月16日以后又出现了2次暴雨过程，中心则位于萝北、抚远一带，由于暴雨紧随洪水下移，造成布列亚河河口以下江段发生特大洪水。黑龙江上游额木尔河以下江段洪水水位低于1872年、1958年，为1872—2013年第3

位洪水；中游结雅河口—布列亚河口江段为第 3、第 4 位洪水；由于松花江洪水不大，同江—抚远江段水位低于 2013 年、1897 年、1898 年洪水，为 1896—2013 年第 4 位洪水。

十、2013 年

2013 年黑龙江上游、结雅河、布列亚河、松花江洪水同时遭遇，黑龙江上游为一般洪水；中游同江（松花江口）以上江段水位低于 1872 年，接近 1984 年，为 1872—2013 年第 2～3 位洪水；由于松花江发生较大洪水，同江—抚远江段洪水水位超过 1897 年，为 1897 年以来第 1 位洪水。

附录C 溃 口 调 查

一、溃口情况简述

2013 年汛期，黑龙江干流发生 1984 年以来最大的流域性洪水，中游黑河—同江江段发生了历史第 2~4 位洪水，重现期为 20~50 年；同江—抚远江段发生了 1897 年以来第 1 位洪水，重现期超过 100 年。由于黑龙江干流堤防矮小、堤身单薄、基础薄弱等原因，在迎战历史大洪水的过程中，先后于 8 月 16 日、8 月 22 日、8 月 23 日在农垦二九〇农场段、萝北县肇兴段、同江市八岔段出现溃口，由于提前转移群众，没有造成人员伤亡。最大淹没范围合计达 1065km²，淹没耕地面积 148.16 万亩，估算溃出水量57.96 亿 m³。其中最大溃口为八岔堤防溃口，最大溃口宽度 450m，最大淹没面积为764km²，最大溃决流量 2020m³/s，溃出水量约 41.6 亿 m³。上述 3 处溃口溃出水量经过排水均回归黑龙江河道，下游抚远站的水位过程即是回归后的水位过程。

溃口发生后，各相关部门严密监视溃口情况，按照黑龙江省委指示精神，择机进行封堵。9 月 8 日起，相继开始对 3 处溃口进行了封堵，至 9 月 27 日，3 处溃口全部封堵完成，共投入资金 6900 万元，完成工程量 64.1 万 m³。

黑龙江干流堤防决口位置及淹没范围示意图见附图 C-1。

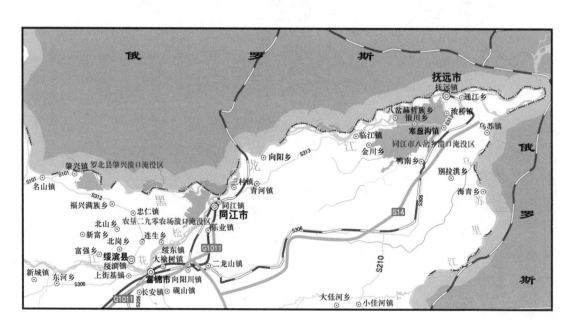

附图 C-1　黑龙江干流堤防决口位置及淹没范围示意图

2013 年黑龙江洪水决口情况统计见附表 C-1。

决 口 地 点	决口日期	复建日期	最大溃口宽度/m	最大淹没范围/km²	估算溃出水量/亿 m³	最大淹没深度/m
二九〇堤防桩号 1+600	8月16日	9月8日	183	210	7.8	8.15
肇兴堤防桩号 16+500	8月22日	9月14日	135	91	8.56	5.66
八岔堤防桩号 2+200	8月23日	9月16日	450	764	41.6	17.9

2013 年黑龙江洪水决口情况统计

二、溃口过程及淹没调查

溃口洪水调查工作分两部分同时开展：一是由水利部数据中心利用实时遥感影像资料动态分析决口宽度、淹没范围、溃出水量等数据；二是由黑龙江省水文局根据《水文调查规范》(SL 196—97) 对决口位置、溃口过程、河道水位、溃口断面、溃出水量等进行现场调查。根据淹没范围及地形数据，估算溃出水量；根据溃口断面面积及浮标法所测流速，估算溃口最大流量。详见附图 C-2～附图 C-4。

(一) 二九〇堤防溃口

8月16日18时，黑龙江干流二九〇农场52队堤防桩号 1+600 处发生溃口 (附图C-5)，溃口宽度183m，溃口区最大淹没面积210km²，最大溃决流量1470m³/s，溃出水量7.8亿 m³。9月8日开始封堵溃口，分为两步，第一步进行围堰封堵，第二部进行溃口修

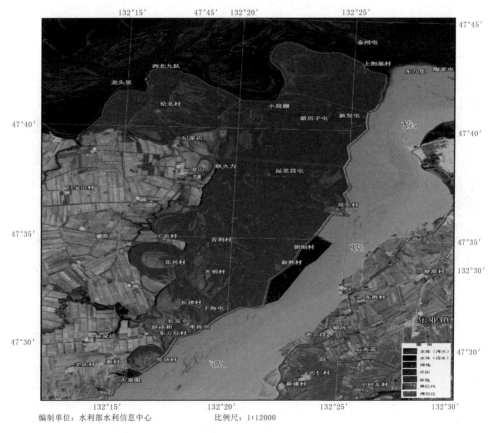

编制单位：水利部水利信息中心   比例尺：1:12000

附图 C-2   二九〇堤防决口位置及淹没范围遥感分析图

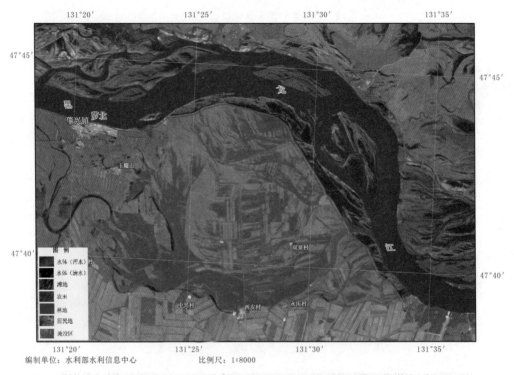

编制单位：水利部水利信息中心　　　　　比例尺：1:8000

附图C-3　肇兴堤防决口位置及淹没范围遥感分析图

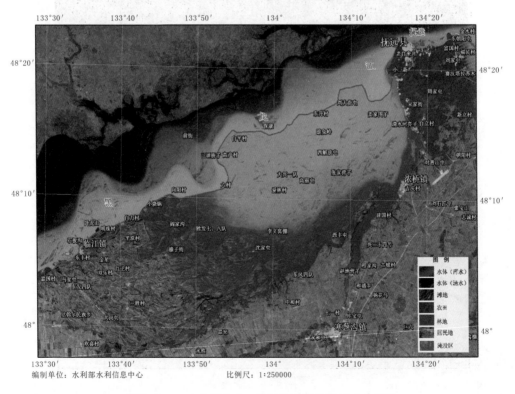

编制单位：水利部水利信息中心　　　　　比例尺：1:250000

附图C-4　八岔堤防决口位置及淹没范围遥感分析图

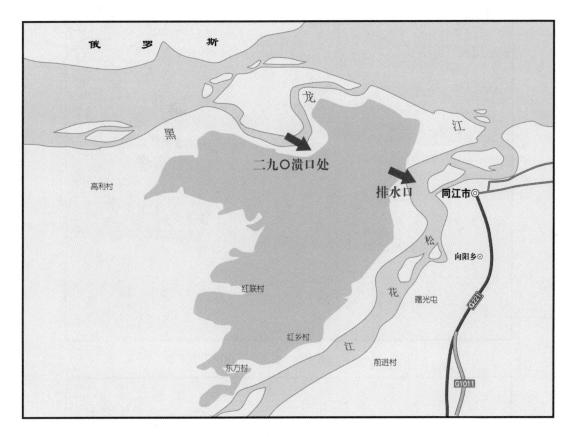

附图 C-5　二九○堤防溃口位置及淹没范围示意图

复。9 月 16 日，溃口围堰修建工作全线告捷，第一阶段围堰封堵溃口任务圆满完成；9 月 24 日，183m 宽的溃口堤段全部封堵修复完成。

（二）肇兴堤防溃口

8 月 22 日 1 时 20 分左右，黑龙江干流肇兴镇柴宝段肇兴堤防桩号 16＋500 处发生溃口（附图 C-6），溃口宽度 135m，溃口区最大淹没面积 91km²，最大溃决流量 1090m³/s，溃出水量 8.56 亿 m³。9 月 3 日下午溃口内外水位持平，9 月 14 日开始封堵溃口，9 月 18 日封堵完成。

（三）八岔堤防溃口

2013 年 5 月以来，黑龙江中游干流同江—抚远江段始终维持高水位，该段堤坝经过超过 100d 的洪水浸泡后，在迎水面坝基长期渗水的情况下，八岔段堤防于 8 月 23 日 8 时 20 分突发管涌，造成决口（附图 C-7），溃口宽度从 70m 左右逐渐扩大至 450m。8 月 28 日下午，溃口下游约 5km 处堤防出现漫溢，淹没区内洪水开始溢入黑龙江干流，形成上入下出的局面。该溃口最大溃口宽度 450m，溃口区最大淹没面积 764km²，最大溃决流量 2020m³/s，溃出水量 41.6 亿 m³。9 月 16 日开始封堵溃口，9 月 27 日封堵完毕，总计过水天数约 36d。溃口封堵期间采用声学多普勒流速仪 ADCP 施测溃口处的流速、流量等，平均每天封堵溃口 40m 左右，最大测点流速 1.79m/s，最大平均流速 0.64m/s。

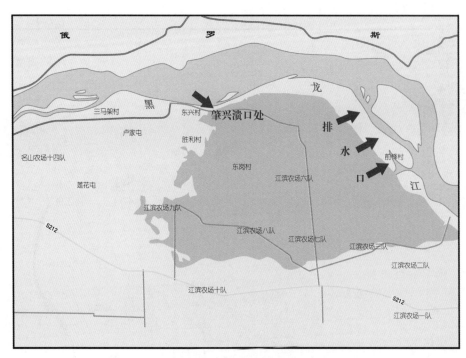

附图 C-6　肇兴堤防溃口位置及淹没范围示意图

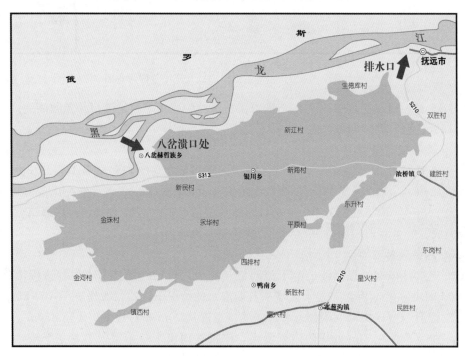

附图 C-7　八岔段堤防溃口位置及淹没范围示意图

三、溃口影响分析

通过点绘勤得利站洪水涨洪过程线，依据过程线趋势来分析上游溃堤对下游水位站的影响。参考二九〇农场堤防溃口及肇兴堤防溃口的溃决时间及河道洪水传播时间，由附图 C-8 可见，勤得利站水位仅在 8 月 18 日、22 日涨势略有变缓，说明二九〇农场堤防溃口及肇兴堤防溃口，对勤得利站的水位影响很小，而且对勤得利站洪峰基本没有影响。这主要是因为 2013 年黑龙江洪水的洪水总量非常大，农垦二九〇堤防溃口和肇兴堤防溃口溃出水量所占比重很小，对洪水的影响基本可以忽略。

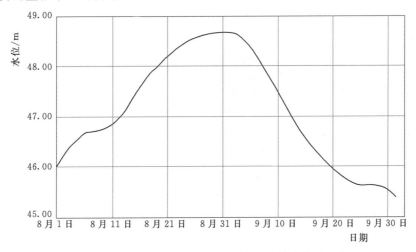

附图 C-8 黑龙江勤得利站 2013 年日平均水位过程线

对于八岔堤防溃口的影响，用马斯京根方法将洪水演算至抚远断面，对演算还原结果与实测结果进行对比分析后发现，由于溃出水量与干流水量相比很小，同时溃出水量陆续回归干流，所以溃口对抚远站洪峰水位基本无影响，只是降低了涨洪过程水位，同时延后了洪峰出现时间大约 2d。抚远站实测与还原水位见附图 C-9。

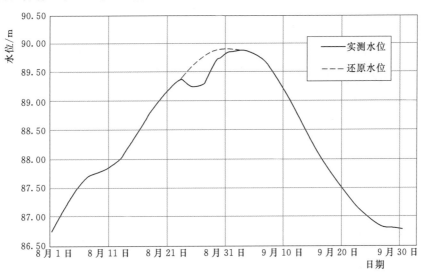

附图 C-9 黑龙江抚远站 2013 年日平均水位过程线

通过以上分析可知，3 处溃口对黑龙江干流洪水影响很小，回归水量已在下游抚远站水位过程中控制，因此未对溃口流量过程及回归流量过程进行计算。

附录 D 洪 水 定 性

一、依据

1. 洪水量级

根据水文要素重现期划分洪水量级大小，按以下标准执行：

（1）重现期大于 50 年，为特大洪水。

（2）重现期大于等于 20 年，小于 50 年，为大洪水。

（3）重现期大于等于 5 年，小于 20 年，为中洪水。

（4）重现期小于 5 年，为小洪水。

2. 松花江流域定性依据

当松花江发生洪水，且嫩江、第二松花江中，至少有一江也发生洪水时，即为流域性洪水。选用松花江、嫩江、第二松花江干流若干个代表站，进行洪水量化指标分析。松花江：下岱吉、哈尔滨、通河、依兰、佳木斯等 5 站；嫩江：富拉尔基、江桥、大赉等 3 站；第二松花江：丰满水库、扶余等 2 站。

（1）流域性特大洪水。松花江代表站中，至少有一站的洪峰流量重现期大于等于 50 年，嫩江或第二松花江至少有一代表站洪峰流量重现期大于等于 20 年。

（2）流域性大洪水。松花江代表站中，至少有一站的洪峰流量重现期大于等于 20 年，嫩江或第二松花江至少有一代表站洪峰流量重现期大于等于 5 年。

3. 黑龙江流域定性依据

当黑龙江发生洪水，且松花江、结雅河等支流中，至少有一江也发生洪水时，即为流域性洪水。选用松花江、结雅河、乌苏里江干流若干个代表站，进行洪水量化指标分析。黑龙江：上马厂、萝北、抚远等 3 站；松花江：哈尔滨、佳木斯等 2 站；结雅河：别洛戈里耶站。

（1）流域性特大洪水。黑龙江代表站中，至少有一站的洪峰流量（水位）重现期大于等于 50 年，松花江或结雅河至少有一代表站洪峰流量重现期大于等于 20 年。

（2）流域性大洪水。黑龙江代表站中，至少有一站的洪峰流量（水位）重现期大于等 20 年，松花江或结雅河至少有一代表站洪峰流量重现期大于等于 5 年。

二、松花江洪水

2013 年，松花江各站洪峰流量重现期：下岱吉为 20 年，哈尔滨为 18 年，通河为 23 年，依兰为 17 年，佳木斯为 12 年；嫩江江桥站为 14 年。因此，2013 年松花江流域洪水定性为流域性大洪水。

三、黑龙江洪水

2013 年，黑龙江各站洪峰水位重现期：萝北接近 50 年，抚远超过 100 年；松花江哈尔滨为 18 年，佳木斯为 12 年。因此，2013 年黑龙江流域洪水定性为流域性大洪水。

附录 E 街津口实测流量

一、断面位置

街津口测流断面位于黑龙江干流同江水位站与勤得利水位站之间，距勤得利水位站约45km，测流起点位于东经 $132°52'44.13''$、北纬 $47°59'38.86''$，终点位于东经 $132°51'24''$、北纬 $48°02'0.23''$，是同江—抚远河段横断面最窄处。

二、测流仪器

多普勒流量测量仪。

三、测流时间

2013 年 8 月 29 日、8 月 31 日。

四、成果

街津口测流断面实测流量成果见附表 E-1，2013 年街津口大断面水深见附图 E-1。

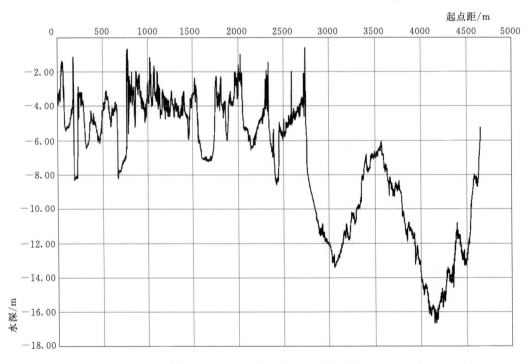

附图 E-1 2013 年街津口大断面水深

2013 年街津口断面实测流量成果表

时间	测流方式	流量 /(m³/s)	断面宽 /m	断面面积 /m²	平均流速 /(m/s)	最大测点流速 /(m/s)
29 日 12：00	往测	39700	4750	34100	1.16	2.50
29 日 13：00	返测	39500	4720	33900	1.17	2.52
31 日 10：00	往测	39800	4870	35400	1.13	2.99
31 日 11：00	返测	40100	4740	34800	1.15	2.71

参 考 文 献

［1］ 戴长雷，李治军，林岚，等. 寒区水科学及国际河流研究系列丛书　8　黑龙江（阿穆尔河）流域水势研究［M］. 哈尔滨：黑龙江教育出版社，2014.

［2］ 罗凤莲. 黑龙江流域水文概论［M］. 北京：学苑出版社，1996.

［3］ 陆孝平，富曾慈. 中国主要江河水系要览［M］. 北京：中国水利水电出版社，2010.

［4］ 黑龙江省水利厅. 黑龙江省历史大洪水［M］. 哈尔滨：黑龙江人民出版社，1999.

［5］ 肖迪芳，张雪峰. 黑龙江流域水文水资源特性分析［J］. 水文，1992，1.

［6］ 中华人民共和国水利部，俄罗斯科学院水问题研究所. 中俄黑龙江 2013 年大洪水调查分析［R］，2015.

［7］ 水利部赴俄罗斯结雅、布列亚水库技术交流及联合考察情况报告［R］，2016.

［8］ 河海大学，黑龙江省水文局. 结雅水库、布列亚水库对黑龙江 2013 年大洪水影响研究［R］，2016.

［9］ 河海大学，黑龙江省水文局. 黑龙江干流水位流量关系及中俄水情交流机制研究［R］，2015.

［10］ 水利部水文局，水利部松辽水利委员会水文局. 1998 年松花江暴雨洪水［M］. 北京：中国水利水电出版社，2002.

［11］ 《中国河湖大典》编纂委员会. 中国河湖大典　黑龙江、辽河卷. 北京：中国水利水电出版社，2014.

［12］ 水利部 2016 年中俄跨界水联合考察报告［R］，2016.